心 理 学 宇 宙 系 列

情绪失控星人自救指南

心理学与情绪控制

周婷 编著

中国法制出版社
CHINA LEGAL PUBLISHING HOUSE

前言 Preface

美国密歇根大学的心理学家南迪·内森在研究中发现：人的一生中，平均有3/10的时间处于情绪不佳的状态。

不过有的人能够控制自己的情绪，不让自己长时间陷入负面情绪之中；有的人却会失去对情绪的掌控，他们常常被多变的情绪牵着鼻子走，有时还会像活火山一样突然爆发，在情绪失控的情况下做出很多让自己万分懊悔的事情。

之所以会出现这样的情况，是因为人们的人格特质、认知能力、成长经历、生活习惯、所处环境各有不同，由此形成了不同的"情绪应对模式"。

比如，有的人性格敏感、多疑、易激惹，遇到无足轻重的小事也容易出现明显的情绪波动。

又如，有的人在成长过程中遇到了不开心的事，产生了很多负面情绪，但当时这种情绪却没能得到有效的化解，时间长了就会成为"情绪触发器"，日后在生活中遇到类似的情境，负面情绪就会被突然唤起，并会引发严重的情绪失控。

再如，有一些情绪状态本来比较稳定的人，在外部压力过大或所处环境氛围非常糟糕时，也可能会突然情绪爆发。

不论是哪一种原因引发的情绪失控，都会导致非常不利的后果，不但会损害自己的身心健康，还会破坏人际关系，阻碍个人发展。因此，我们一定要重视对情绪的管理和控制，要学会以妥善的方式排解负面情绪，激发正面情绪，帮助自己找到幸福人生的真谛。这也是我们推出本书的原因所在。

阅读本书，可以让你从科学的角度重新认识情绪，了解情绪和认知、行为的关系，改变自己对情绪的片面看法。此外，作者还将为你细细剖析造成情绪失控的主、客观因素，使你能够对症分析自己身上的问题，并能够学会察觉情绪的微妙变化，合理表达自己内心的感受，管理、控制好负面情绪，不断提升自己的情商。

本书中既有丰富的、具备参考价值的案例，又有详细的分析和科学的建议，还有大量专业、实用、简单的情绪调节技巧，如放松疗法、自我诘问、自我对话、反向调节等，可以助你有效控制愤怒、焦虑、悲伤、痛苦、怨恨、绝望等负面情绪，变得自信、乐观、积极起来，能够从容迎接人生中的各种挑战。

为了帮助读者更好地了解自己，作者在书中提供了多项测试。需要注意的是，这些测试并不具有诊断力，测试的结果仅供参考。如果你需要准确了解自己的情况，请前往专业的心理咨询机构或咨询专业心理咨询师。

目录 Contents

第一章　揭开情绪的秘密：情绪到底是什么

　　每个人都有自己的情绪 / 003

　　喜、怒、哀、惧：认识情绪的基本形式 / 007

　　情绪本无好坏，每种情绪都有其价值 / 011

　　"原生情绪"和"衍生情绪"是怎么回事 / 014

　　男女大不同，发现情绪的性别差异 / 017

　　不同的情绪反应：自我情绪风格 / 022

　　❓小测试：你的情绪状态是否稳定 / 026

第二章　关注情绪，别让"情绪病"毁了你

　　情绪决定你的生活质量和健康状况 / 033

智商越高的人越容易被"情绪病"缠绕 / 036

焦虑症：你为什么会如此焦虑 / 040

抑郁症：显著而持久的情绪低落 / 043

强迫症：焦虑情绪与强迫症状交互影响 / 048

疑病症：对疾病难以消除的恐慌情绪 / 051

恐惧症：内心被恐惧的阴影笼罩 / 055

情绪性过敏：情绪剧烈波动也会引发过敏 / 059

❓小测试：测一测你的焦虑症程度 / 062

第三章 情绪失控，人生中的"不定时炸弹"

情绪是一种"能量"，被压抑的部分终会爆发 / 065

愤怒失控：不可抑制的情绪 / 069

嫉妒失控：心中燃烧着嫉妒的火 / 073

厌恶失控：无法掩饰对人对事的嫌恶 / 078

怨恨失控：理智被恨意完全吞噬 / 082

懊悔失控：走不出的"虚拟事实思维" / 086

悲伤失控：无法承受的心灵伤痛 / 090

绝望失控：找不到任何生命的亮色 / 095

❓小测试：你是容易情绪失控的人吗 / 098

第四章　找出失控原因：是什么在左右你的情绪

　　人格特质：情绪化性格的人更容易失控 / 105
　　环境因素：别小看环境对情绪的影响 / 109
　　压力因素：无法释放的压力迟早会让你崩溃 / 113
　　不良生活习惯：这些习惯是引发失控的罪魁祸首 / 116

第五章　聆听内心，提升自己的情绪觉察力

　　观察情绪：做一个关注自我情绪的有心人 / 125
　　感知情绪：从他人口中了解自己的情绪变化 / 129
　　记录情绪：做一份详细的情绪日志 / 133
　　反思情绪：学会自我诘问，不再情绪失控 / 136
　　关注"情绪的钟摆效应"：了解自己的情感晴雨表 / 140
　　❓小测试：测一测你的情绪觉察能力 / 143

第六章　合理表达情绪，缓解心灵的压力

　　当心"吞钩现象"，学会在困境中自救 / 149
　　愤怒表达法：理性、恰当地表达负面情绪 / 154
　　霍桑效应：用倾诉的方式宣泄你的情绪 / 158
　　自我对话：跳出"我"的角度，尽情表达 / 161
　　❓小测试：你是一个善于表达情绪的人吗 / 164

第七章　摆脱情绪化思维，让心境恢复平和

非此即彼：别钻牛角尖 / 171

"应该"思维：别把愿望当成应该实现的事情 / 174

习惯性自责：不要把所有错误都归罪于自己 / 177

情绪ABC理论：甩掉困扰你的不合理信念 / 180

小测试：你是否会经常陷入自动思维 / 185

第八章　激发正面情绪，锻造强大的内心

愉快的情绪：幸福生活的本质 / 189

激发自豪情绪，告别低自尊状态 / 192

学会宽恕：让自己走出心灵的牢笼 / 195

树立感恩心理，从最简单的生活中发现乐趣 / 199

希望效应：相信阳光一定会驱散阴影 / 204

利用反向调节法，走出逆境心理 / 208

小测试：你的情绪积极率是多少 / 212

第九章　提高情商，成为情绪的主人

情商：自我情绪管理的能力指数 / 219

重塑自我意象，变消极为积极 / 223

提升共情能力，了解他人的情绪 / 226

避免"踢猫效应",别把负能量带给身边的人 / 230

设立情绪界限:别让别人的坏情绪影响自己 / 234

❓ 小测试:你的情商到底有多高 / 238

第一章

揭开情绪的秘密：情绪到底是什么

每个人都有自己的情绪

情绪是什么？按照心理学上的定义，情绪指的是"人们对客观事物的态度体验及相应的行为反应"，比如，在遭到他人不公平的对待时，我们会产生愤怒情绪；当我们做错了事情，对他人造成了伤害时，内心会有内疚、懊悔的情绪；当我们遭遇了挫折、失败时，会产生沮丧、难过的情绪……

情绪遍布我们的生活，与我们每个人密不可分，没有谁能够完全摆脱复杂的情绪，有时人们还会在强烈情绪的控制下，做出一些意想不到的事情。

26岁的小洁最近心情很不好，工作了3年的单位因为经济不景气决定裁员，而小洁恰好在名单之中。

办好了离职手续后，小洁带着委屈、烦躁的情绪离开了单位。因为心中很不舒服，她打算去商场逛逛散散心，恰好一个化妆品专柜正在做新品推介活动，小洁便过去坐下，拿起一支口红，想要试试颜色。

试完两支口红后，她对效果不太满意，想请店员给自己推荐一款，没想到店员只是斜了她一眼，用略带鄙视的语气说：

"小姐,您现在打算买吗?确定要买的话我再给您推荐。"

小洁被店员轻慢的态度激怒了,一拍桌子站起来,质问店员:"你到底是什么意思?"两人你一句我一句,吵得不可开交,店员也说了几句伤小洁自尊的话。

小洁觉得自己从来没有这么生气过,她的脸涨得通红,呼吸急促,眉头紧锁,双手紧握成拳,恨不得冲过去给店员一记耳光。而店员还在不依不饶地讽刺、挖苦她。小洁再也控制不住了,先是狠狠地推了店员一把,将店员推倒在地,接着她又将手边能够到的产品、平板电脑、镜子等全部砸到地上。幸好保安及时赶来,阻止了她,才避免她对该专柜造成更加严重的破坏。

事后,小洁不得不为自己冲动的行为付出代价:不但要赔偿专柜的物品损失,还要向店员诚恳道歉,请求对方的原谅……

可能小洁自己也没有想到,为什么会因为几句口角就做出这样的事情。其实,这就是情绪在背后悄悄推动的结果。

分析小洁的种种表现,我们可以发现情绪会引起独特的生理变化、主观感受、表情动作及行为冲动。

1.情绪与生理反应

情绪会引发一定的生理反应,这被心理学家称为"生理唤醒"。在本案例中，小洁就在愤怒情绪的影响下，出现了脸色通红、呼吸急促等生理反应。

当然，不同的情绪造成的"生理唤醒"模式也是不一样的。比如，恐惧情绪会引发全身颤抖、手心冒汗、嘴巴发干等生理反应，焦虑情绪会引发心跳过速、心慌心悸、胸口发闷、呼吸困难或过度换气等生理反应。

2.情绪与主观感受

对于自身的情绪变化，我们往往会有一定的自我觉察，能够意识到自己现在的情绪是怎样的。在本案例中，小洁就意识到自己正处于愤怒情绪中，而且"从来没有这么生气过"，这就是一种情绪的主观体验。

我们在生活中也常常会有这样的主观感受，如和分别已久的亲朋好友相聚时会感到"我很高兴"，在考试或求职失败时会意识到"我很痛苦"，这些都是情绪的主观感受。

3.情绪与表情动作

当情绪产生时，我们会情不自禁地做出某些表情和动作，而他人则可以根据这些"信号"判断我们此时的情绪状态。在本案例中，小洁就有"眉头紧锁"的表情和"双手紧握成拳"的动作，说明她正处于愤怒情绪中。

当我们感到愤怒时，还可能会出现双眼圆睁、怒视对方、咬牙切齿的表情和双手叉腰、大力跺脚之类的动作；而在感到喜悦、快乐、焦虑、悲伤时，也会有各自不同的表情、动作。

除此以外，我们说话的语调、语气也会因情绪变化而有所不同，像悲伤时语调会显得低沉、缓慢，兴奋时语调则显得高昂、急促……因此，在与他人沟通时，我们就可以借助表情、动作和语气语调来表露自己的态度，传达自己的情绪，从而能够强化对方的感知。

4.情绪与行为冲动

行为冲动指的是在情绪的驱动下，产生的想做些什么的欲望。在本案例中，小洁就在暴怒中产生了想砸烂东西、攻击对方的行为冲动。

冲动会让人暂时出现"意识狭窄"现象，也就是说，人们正常的意识活动范围缩小，意识的焦点集中在让自己愤怒或紧张的人和事上，从而对其他情况视而不见。此时，人们进行理性分析的能力也会受到抑制，自我控制能力大大减弱，因而会像小洁这样做出鲁莽的行为，事后又会感到万分后悔。

为了避免出现这样的结果，我们就要对自己的情绪有清楚的认知，要及时从生理、心理、表情、动作等各方面察觉自己的情绪变化，同时要控制好行为冲动，这样才不会因情绪失控造成不可收拾的局面。

喜、怒、哀、惧：认识情绪的基本形式

情绪是复杂多变的，关于情绪的种类，历来有很多不同的说法。比如，我国古代就有"七情学说"，将情绪分为喜、怒、忧、思、悲、恐、惊七类。

国外的心理学家也对情绪进行过不同的分类，但获得公认的是"四大基本情绪"，即喜、怒、哀、惧，或称快乐（happy）、愤怒（anger）、悲哀（sad）、恐惧（fear）。

1. 喜（快乐）

当我们实现了自己追求的目标，解除了紧张的心理状态后，通常会出现快乐的情绪体验，这也是人类最基本的情绪之一，是一种积极而美好的情绪感受。按照情绪的强度来区分，快乐又可以分为满意、高兴、愉快、兴奋、狂喜等。

2. 怒（愤怒）

当我们追求目标受到阻碍，个人愿望无法实现时，通常会产生一种消极的情绪体验——愤怒。

愤怒也有强度上的区别，如果是一般重要的愿望无法实现，我们只会感到不快或生气；但要是遇到了不合理的阻碍或是愿望

被人恶意破坏时，愤怒会急剧爆发，紧张感会快速增加，会出现大怒、暴怒的情绪。有时我们控制不住愤怒情绪，还会出现攻击性行为。

3.哀（悲哀）

失去自己热爱的对象，或是理想、希望破灭时，往往会产生悲哀的情绪体验。悲哀情绪的强度与对象、理想、希望的重要性和价值有关，比如失去一般重要的对象时，我们会有遗憾、失望、难过、伤心的情绪体验；而失去无可替代、十分重要的对象时，悲哀的程度就会大大提升，会引发悲伤、哀痛的情绪体验。

不过，悲哀并不总是消极的，它有时候也能够激励人们振作精神，把内心的痛苦转化为前进的动力，这种情况就是人们常说的"化悲痛为力量"。

4.惧（恐惧）

当我们遇到可怕或危险的情境，因为缺乏足够的准备，无力应对或无法摆脱时，通常会产生恐惧的情绪体验。恐惧的强度不仅与危险情境本身有关，还与个人排除危险的能力和应付危险的手段有关。如果能够轻松地应对危险，恐惧情绪不会非常强烈；相反，如果感觉自己无力应对危险情境，马上就要遭遇不好的后果时，内心就会充满强烈的恐惧。

恐惧具有很强的感染力，一个人的恐惧往往会引起他人的恐惧和不安。

上述四种最基本的情绪会组合派生出更加复杂的情绪，也叫"复合情绪"。比如，我们非常熟悉的焦虑情绪就属于复合情绪，它通常包含着恐惧、愤怒等基本情绪。同样，羞耻、内疚、嫉妒、悔恨等情绪也属于复合情绪，它们与基本情绪一起构成了丰富多彩的情绪世界。

在现实生活中，各种情绪的强度和持续时间（即情绪状态）也会有所不同，由此会给我们的生活造成不同程度的影响。心理学家将情绪状态分为以下三类。

1. 心境

所谓"心境"，指的是强度较弱、持续时间较长的情绪状态，它会在一段较长的时间里影响我们的行为、态度、感受和健康状况。

比如，当我们具有快乐的心境时，会觉得一切事情都在向着顺利的方向发展，身心也会较为舒畅，工作、学习时充满干劲，与人打交道时也会颇具亲和力；当我们具有悲哀的心境时，就会觉得生活中充满了"不如意"，面对工作、学习时也会提不起劲头，经常表现得情绪低落，有时还会唉声叹气、哭泣不止。

类似这样的情况，在心理学上被称为"心境的弥散性"，是说我们的一切体验和活动在一定时间内都会被染上心境的"色彩"。至于心境的持续时间，则与客观环境和个人的心理特点有很大的关系。

2.激情

所谓"激情",指的是程度强烈、持续时间短促的情绪状态。激情具有爆发性,会表现出明显的生理变化和行为特征。

比如,人们处于"激愤"状态时,会怒目圆睁、咬牙切齿、颈部青筋暴突、捏紧拳头或双手发抖,同时还会产生攻击意念,有时可能控制不住自己的行为,造成难以预料的后果;而当人们极其恐惧时,则可能出现面如土色、全身颤抖的情况,有时甚至会晕厥,即"激情休克"。

不过,激情并不都是消极的,比如,在获得重大成功时人们会体验到欢欣鼓舞的激情,这会让人们精神更加振奋,情绪更加激昂,能够以更加积极的状态投入到工作和学习中。

3.应激

所谓"应激",指的是在出乎意料的紧急情况下出现的高度紧张的情绪状态。适度的应激状态能够提高人的警觉水平,是一种保护性的反应;而过度的、慢性的应激状态会削弱人们对突发状况的应对能力,还会引起自主神经功能紊乱等不良反应。

为了减少不良应激反应对身心造成的负面影响,我们应当注意识别生活中的应激事件,并正确评价自己的应激体验,同时可以学习一些应对应激事件的心理技巧,如通过调整认知、进行放松训练等方式来控制应激反应,从而缓解焦虑、紧张等应激性的负面情绪。

情绪本无好坏,每种情绪都有其价值

情绪有好坏之分吗?对于这个问题,我们可能会想当然地说出一些答案。比如,认为高兴、愉快、喜悦、兴奋、自豪等是"好情绪",而愤怒、恐惧、沮丧、懊悔、悲伤、厌恶等是"坏情绪"。

可是,在心理学家看来,情绪并没有好坏之分。我们所说的"好情绪"和"坏情绪"其实是把情绪和情绪引发的行为混为一谈。例如,当一个人感到悲伤时可能会引发哭泣不止、唉声叹气、失眠易醒、吃不下饭之类的行为表现,而这些行为对身心造成了不良影响,但"悲伤"这种情绪本身是中性的,不能简单地判断它是"好"还是"坏"。

事实上,每一种情绪的存在都是有意义的,每一种情绪都有不可替代的功能。

1.情绪有适应功能

对于客观事物造成的不同刺激,我们会产生不同的情绪,这是一种灵活自如的"适应性反应",可以让我们更好地适应社会群体生活,改善我们的生存条件和人际关系。

比如,当我们来到一个陌生的环境中时,遇到了不熟悉的人,对方的点头、微笑不仅会缓解我们紧张、不安的情绪，还能够引发愉快的情绪，使我们轻松快乐地和对方交流，从而提升我们的亲和力，降低我们适应新环境的难度。

又如，面对一些危险的场景时，我们的心中会自然而然地产生恐惧情绪，它可以帮我们识别不安全的领域，让我们逃离一些危险系数大的事物，从而避免自己的身体和财物等受到损害。

2.情绪有动机功能

心理学家认为，情绪有唤醒和激励的功能，可以引导并维持人的某些行为。比如，在适度兴奋情绪的影响下，人们会感觉头脑特别清晰，全身充满干劲，工作或学习起来效率很高，而且不容易感到疲倦。

不过，加拿大心理学家唐纳德·赫布也提醒人们，太低和太高的情绪唤醒水平都会对提升绩效产生反作用。

比如，在面对日常已经驾轻就熟的任务时，我们会感到烦躁、乏味，缺少紧张感和战胜挑战的激情，情绪唤醒的水平很低，在行动中难免会出现马虎大意的情况，结果可想而知。

而在接受面试或参加重要的考试时，我们可能被强烈的紧张情绪淹没，使得情绪唤醒水平过高，导致情绪压倒了正常的认知，无法顺利做出理性的行为。

由此可见，我们只有学会控制自己的情绪，将情绪唤醒控制在合理的水平，才能让情绪发挥出最佳的动机功能。

3.情绪有组织功能

情绪能够对其他心理活动如认知、记忆、意志等产生组织作用。就拿情绪与记忆之间的关系来说，美国心理学家鲍威尔曾经做过深入研究，发现当人们处于愉悦的情绪中时，很容易回忆起过去经历过的开心事；而当人们处在悲伤、难过的情绪中时，则容易回忆起过去的伤心事。

鲍威尔曾经做过这样的实验：让两组对象分别带着不同的情绪学习一些词语，然后再带着同样或相反的情绪回忆这些词语。结果发现，当一个人回忆词语和学习词语时的情绪相一致时，能够记住的词语较多；而当一个人回忆词语和学习词语时的情绪截然相反时，能够回忆起来的词语则非常有限。

实验说明情绪确有组织记忆的作用。因此，我们如果能够巧妙地调节和控制情绪，对于有选择地学习、认知、记忆、判断和想象都会产生一定的促进作用。

4.情绪有信号功能

情绪可以帮我们在人际交往时传递信号。如果我们有一些不便言传的看法、态度和感受，就可以通过表情、动作、姿态等来传递情绪信号，让对方了解我们的真实想法。同样，我们也能够通过观察对方的表现来揣摩其情绪变化，据此选择更加有效的沟通方式，使得沟通能够达到理想的效果。

了解了情绪的上述功能后，我们应该摒弃对情绪的错误认知，不能一味地排斥所谓的"坏情绪"。

在心理学上，"坏情绪"其实应该被称为"负面情绪"或"消极情绪"。当然，这并不意味着情绪本身是负面的或消极的，而是说它引发的体验、行为是消极的。对于这些负面情绪，我们不该一味地压制或批判它们，因为那样反而会引发更多的问题，如可能引起暴饮暴食、滥用药物、酒精成瘾、自残等严重后果。

所以，我们应当学着接纳负面情绪，承认自己的感受，并借此看清楚自己面对的问题，然后想办法进行自我调节、自我控制，这样才能逐渐改善负面情绪。

"原生情绪"和"衍生情绪"是怎么回事

情绪并非固定不变的，在面对某一事件或场景时，情绪会从最初的自然反应逐渐发生一些微妙的变化，因而会出现两类情绪，即"原生情绪"和"衍生情绪"。

所谓"原生情绪"，指的是事件发生最初你能够感受到的情绪，它是最自然的情绪，不需要经过深入思考就会产生。比如，突然停电后，周围一片漆黑，你心中本能地产生了恐惧情绪，这就是一种原生情绪。

至于"衍生情绪"，则可以理解为你对原生情绪"加工"后产生的情绪反应。同样以停电感到恐惧为例,你不想把这件事告诉别人,因为这会让你感觉羞愧,这里的"羞愧"就是一种衍生情绪,它的源头不是事件本身,而是你对这件事的认知和理解。

在下面这个案例中,我们可以具体地了解一下"原生情绪"与"衍生情绪"的关系。

吕燕下班回到家,看见丈夫坐在沙发上看手机,便随口说道:"我们办公室有个同事换了一款新手机,感觉挺不错的。"

丈夫并没有在意她的话,敷衍地回应了一声"哦",表示自己听到了。

吕燕对丈夫的态度有点失望,她大声说道:"我的手机该换了,我就想要那一款!"

丈夫抬头看了她一眼,说了句"好啊,你换吧。"然后又埋头看手机去了。

吕燕心想:他一点都不关心我的需要。如果他真的在意我,就应该问一问手机的细节、价格,再和我一起挑选。可是他什么都不说,就知道玩手机,看来他根本就不爱我……

吕燕越想越觉得委屈、生气,她把手提包用力地扔在地上,然后一屁股坐在沙发上,低垂着头,看上去很不开心。

"你又怎么了?好端端的闹什么脾气?"吕燕突如其来的情绪发作让丈夫有些莫名其妙,而丈夫不够温柔的口吻更是让吕燕心中生出了愤怒情绪。

终于，她控制不住情绪，对丈夫大吼大叫起来……丈夫也失去了耐心，和她争执了几句后摔门而去，留下她一个人在家伤心地哭泣。

吕燕一边哭一边胡思乱想，觉得自己的婚姻已经走到了尽头，心中充满了绝望情绪……

吕燕与丈夫进行沟通，没有得到自己期待的回应，此时她产生了失望的情绪，这是她最初的情绪反应，属于原生情绪。随后她从主观的角度对这件事情进行了"分析"，得出了丈夫不爱自己的结论，并因此产生了委屈、生气等衍生情绪。

与原生情绪相比，衍生情绪要复杂得多，常常是多种情绪的混合物。衍生情绪很容易掩盖原生情绪，会让人们忘记自己真正的情感需求。就像吕燕，她最初只是想听听丈夫的意见，希望得到丈夫的尊重和关心，可衍生情绪却让她变得越来越冲动，无法控制自己的言语和行为，对丈夫大发雷霆，最终夫妻俩不欢而散，这样的结果显然违背她本来的目的。

这个案例提醒我们，要注意区分原生情绪与衍生情绪，也就是说，一定要弄清楚哪些是自然产生的情绪，哪些是经过"加工"后产生的情绪。对于这两类情绪，我们应当采用不同的方式进行疏解。

1.接纳自己的原生情绪

原生情绪会和某些事件相伴产生，也会随着时间的推移自然地减弱直至消失。对于原生情绪，我们可以采取接纳的态度，允许它的存在，不要刻意地压抑它。比如，亲人逝去会引发悲痛的原生情绪，这时我们应当直面悲痛，允许它自然而然地"流动"，不要逃避它，也不要对它进行负面评价。

2.觉察自己的衍生情绪

对于衍生情绪，我们最需要做的工作是"觉察"和"分辨"。当我们长时间陷入负面情绪的沼泽中时，首先要意识到这些情绪中有一大部分可能是衍生情绪；接下来，我们要对负面情绪进行仔细的分辨，以便剥离衍生情绪，找到被我们忽视的原生情绪。

比如，当夫妻之间产生矛盾时，我们就要剥离愤怒、怨恨之类的衍生情绪，找到原生情绪及其根源，由此出发进行交流和沟通，这样才能解决实际问题，让自己的情绪状态恢复正常。

男女大不同，发现情绪的性别差异

说起情绪的"性别差异"，人们可能会有这样的固有印象：女性比男性更加情绪化，受到客观事物的刺激后，常常会表现得爱哭、易怒、易激动；而男性则更加理性，也更加坚强，不会轻易被激动的情绪所左右。

然而，事实真的是这样吗？心理学家们早已进行过大量相关研究，证实所谓"女性比男性更加情绪化"的说法是一种典型的"刻板印象"。其实，在受到刺激时，男性内心经历的情绪波动并不亚于女性，只是受到社会文化的影响，不愿意将自己的情绪表达出来，以免给他人留下"脆弱""没有男子气概"的印象。

在下面这个案例中，一对情侣就遇到了这样的问题。

何春和小玉相恋已有一年，最初两人你侬我侬，恨不得时时刻刻腻在一起，关系非常亲密。

可是好景不长，最近这段时间，小玉忽然发现何春对自己冷淡了不少。跟自己在一起时，何春总是有些心不在焉。小玉问他在想什么，他要么一声不吭，表现得非常冷漠；要么不耐烦地敷衍几句，但小玉一听就知道他在应付自己。

经常被男友如此对待，小玉觉得很不开心，但她努力按捺情绪，尽量做一些能让何春高兴的事情。谁知何春并不领情，他看上去情绪低落，经常唉声叹气，小玉看到他的表现后，觉得失望极了。

"我决定和他分手，他已经不爱我了！"小玉流着眼泪，对自己的好朋友阿东倾诉道。

听完了小玉的诉说，阿东却觉得事有蹊跷，他从自己的经验出发，给小玉做了一番分析：何春可能是遇到了什么让他为难的事情，而他为了维护自己男性的尊严和形象，不太愿意表达情绪、倾诉心声，但心中又憋闷、难过，所以才会表现得如此低落、烦躁。

　　阿东建议小玉从侧面打听一下何春的工作情况。小玉半信半疑地了解了一番，果然发现了问题：何春负责的一个项目遇到了不小的难关，无法推进，他正是为此事烦恼、忧愁不已。

　　"原来是这样，可他为什么不愿意把这事告诉我呢？"小玉虽然打开了心结，却还是不能理解何春的做法……

　　在现实生活中，类似的情绪上的性别差异并不少见，很多男性似乎已经习惯对自己的情绪避而不谈，与此同时，他们也不太善于理解他人的情绪，所以在男性与女性交往的过程中，常常会出现女性的愤怒情绪已经上升到顶点，而男性却还浑然不觉的情况。

　　情绪上的性别差异不容忽视，具体来看，这种差异常常表现为以下几个方面。

1.情绪识别的差异

　　情绪识别，指的是个体对他人情绪状态的识别能力，而这种能力是通过观察对方的面部表情、行为举止，倾听他人的语言等来实现的。由于女性的感知力往往高于男性，因而更容易准确地识别情绪信号。

　　哈佛大学的心理学家曾做过这样的实验：将一段删去声音的短片分别播放给男性和女性研究对象观看，请他们根据观察到的人物表情、动作来判断人物的情绪和他们之间发生的事情。结果

87%的女性给出的结果与短片实际内容高度吻合，而做到这一点的男性仅有42%。

心理学家在研究中还发现，女性能够从婴儿的表情、动作中大概判断出他们的需求，这种情绪识别能力可以说是女性的一种天然优势。

2.情绪表达的差异

情绪表达，指的是个体用来表现情绪的各种方式，在这方面，男性和女性也有较大的差异。

美国的一个心理学课题组曾从5个国家招募了2000名研究对象，让他们观看不同的广告，并记录下他们的面部表情。这个实验显示，女性出现了更多的快乐、悲伤表情，而男性出现了更多的愤怒表情。这可能是由于体内睾丸素的影响，使得男性比女性更容易产生愤怒情绪，有更多发泄的冲动。

不过，大多数男性不太擅长用感性的语言来描述自己的情绪，而是倾向于用行为动作来表达愤怒，这也是男性攻击性强于女性的一个原因。

不仅如此，一些"刻板印象"也会影响男性的情绪表达。比如，人们常说"男儿有泪不轻弹"，导致很多男性即使再悲伤、难过也不会用哭泣的方式来表达情绪，这种过度压抑反而容易引发心理问题。

3.情绪记忆的差异

情绪记忆，指的是个体对于之前体验过的情绪、情感的记忆。心理学家发现，女性比男性更容易记住情绪事件。比如，她们能够牢记和爱人第一次约会时开心的情绪，也能够想起过去争吵时气愤的情绪。所以在下一次争吵时，她们可能会不由自主地"翻旧账"——不断提起之前那些不愉快的回忆，而这难免会让男性感到非常困扰。但这其实也是女性的一种情绪记忆优势，可以帮她们回忆起很多容易被忽略的细节。

4.情绪易感性的差异

情绪易感性，指的是个体在进行认知活动时受到情绪影响的程度。男性与女性受到正面情绪影响的程度大体相似，但在负面情绪的影响下，女性更容易表现得敏感且反应激烈。比如，女性在遇到自己害怕的动物时，恐惧情绪会让她们发出尖叫，并急速躲避；而在悲伤情绪的影响下，女性更容易出现痛哭、流泪等表现，这也是因为她们对负面情绪的感知力较强而造成的。

但这种情绪易感性也是一把双刃剑，它会导致女性更容易受到负面情绪的冲击，再加上女性的情绪记忆能力较好，常会在头脑中不断回忆负性事件，从而容易引发各种情绪障碍。

有数据显示，从青春期到更年期，女性发生情绪障碍的概率是男性的2~3倍，这种情况可能会在经期、孕期、生产前后、绝经期变得更加严重，所以女性尤其应当注意调节心理、控制情绪，以降低罹患抑郁症、焦虑症、社交恐惧症等情绪障碍的风险。

不同的情绪反应：自我情绪风格

情绪除了有性别差异外，在不同的人身上，还会表现出不同的情绪风格（emotional style）。也就是说，在面对同样的刺激因素时，每个人的情绪反应类型、情绪强度和持续时间都会有所差异。

比如，在遭遇困难、挫败时，有的人虽有沮丧情绪，但持续时间不长，通过自我调整后，能很快恢复情绪平和的状态；而有些人却会出现严重的失望、痛苦、愤怒、抑郁情绪，有时甚至会情绪失控，或痛哭失声，或摔砸东西发泄心中的情绪……

针对这种迥然不同的反应，心理学家提出"情绪风格"这个术语来进行解释。

让我们将目光转向某大学的一座教学楼。此刻，上午的最后一堂课刚刚结束，学生们走出教室，来到教学楼门口，却被一场突如其来的大雨挡住了去路。

这时，我们来观察一下这群大学生，就会发现非常有趣的现象，一名大学生绷着脸，连连跺脚，看上去有些愤怒，他嘴里还恨恨地说:"真讨厌,早不下晚不下,偏偏这个时候下,害得我没法去食堂!"

与此同时,两名女大学生的脸上也露出了愁容,她们口中抱怨着,为自己早上出门没带伞而后悔,不过她们自始至终保持着较小的音量,也没有做出什么大的动作。

离她们不远的地方,一个穿着时尚的男孩耸了耸肩,从书包里拿出耳机塞进耳朵,听起了音乐。很快,他的脸上露出了陶醉的表情,似乎已经完全沉浸在音乐的世界里,雨下得再大也不能影响他的心情。

还有一名穿着连帽卫衣的男同学,他将帽子拉起来罩住头部,跑进了大雨中。雨水很快淋湿了他的衣服,可他却满不在乎。他一路狂奔着,还不时发出"哈哈哈"的笑声。看到他那副无忧无虑的样子,一些同学也受到了感染,忍不住笑了起来……

在生活中,我们会看到很多类似的例子:在身处同样的情境、面对同一件事情时,人们的情绪反应常常会有很大的差异。

对于这个问题,哈佛大学心理学博士理查德·戴维森进行了深入的研究,并从以下六个维度对情绪风格进行了解释。

1. 情绪调整(Resilience)

指的是我们调节自我情绪的能力。当我们陷入困境时,能够迅速调整负面情绪，让自己恢复到原来的状态，这就说明我们具有较强的情绪调整能力；反之，则说明我们的情绪调整能力较差，需要较长的时间才能让自己逐渐恢复。

2. 生活态度（Outlook）

指的是我们能够保持多长时间的积极情绪，这决定了我们对生活的态度是乐观还是悲观的。有的人能够让自己的积极情绪持续较长时间，对于未来的预期也是比较理想、乐观的，觉得自己将来状况会比现在更好；而有的人则会以悲观态度看待生活，即使遇到了让自己感觉快乐、幸福的事情，他们也会有一种悲观的预测，认为这种幸福不会长久，因而他们的积极情绪总是不能维持较长的时间。

3. 社交直觉（Social Intuition）

指的是在人际交往中能够觉察和辨识他人情绪变化的能力。社交直觉好的人，在与他人沟通时，能够从一些细微的表情、动作、姿态中意识到对方现在可能很开心、生气、焦虑、痛苦或悲伤；而社交直觉差的人却会表现得比较"迟钝"，哪怕对方已经流露出了很不高兴的表情，他们也意识不到自己可能说错了话或做错了事。

4. 自我察觉（Self-awareness）

指的是察觉自身情绪的能力。善于进行自我觉察的人能够及时发现自身的情绪变化,并能够适时采取调节措施,让自己走出负面情绪;而那些自我觉察能力不佳的人则会让自己长时间陷入负面情绪中,并有可能在负面情绪的摆布下出现失控的情况。

5. 情境敏感(Sensitivity to Context)

指的是对所处情境的交往习惯、要求等比较了解,并能够调整自己的行为,使之与该情境"相称"。

比如,在庄重的场合,表现得严肃、得体、情绪平和、态度不卑不亢;而在私下交往的场合,表现得随意、有亲和力、情绪积极、态度热情。一个人能够做到这些,说明其情境敏感度较高,在各种场合都能够表现自如。而在他人眼中,这也是一种情商高的表现。

6. 专注力(Attention)

指的是能够排除情绪干扰、保持注意力集中的能力。专注力强的人能够克服内心的负面情绪,将注意力集中在重要的事物上,办事效率较高,成果比较显著,而这反过来又会给情绪带来积极的影响,让人产生自豪、愉悦、满足的正面情绪。

相反,专注力较弱的人则会在负面情绪影响下坐立不安,难以集中注意力,做事容易出错,效率也格外低下,而这也会给情绪带来不良影响,引发焦虑、自责、烦恼等负面情绪。

了解了情绪风格的六个维度后,我们就可以全面解读自己的情绪反应，找到自己独具特色的情绪风格。

值得注意的是，一个人的情绪风格并不是固定不变的，而是可以通过调节认知、改变环境等方式来进行调整的。比如，错误的思维方式会引发负面情绪，此时我们要做的就是对自己的想法进行反思，逐渐消除不良的思维习惯，这样今后在遇到同样的情境时，我们就能够尽量避免出现消极的情绪反应。

良好的生活环境有助于保持情绪稳定，我们可以有意识地对环境进行调整，让自己的情绪风格变得更加积极。

小测试：你的情绪状态是否稳定

以下这些与"情绪稳定"有关的说法中，你觉得哪些符合自己目前的情况？请根据实际情况做出选择。

1. 你会为还没发生的事情感到不安、恐惧吗？

   A.经常如此　　　B.从未如此　　　C.偶尔如此

2. 晚上睡觉时，你会突然想到一些让自己害怕的事情吗？

   A.经常如此　　　B.从未如此　　　C.偶尔如此

3. 你的入睡时间是不是越来越晚，醒来的时间却比预定时间要早？

   A.经常如此　　　B.从未如此　　　C.偶尔如此

4. 你会因为可怕的梦境而突然惊醒吗？

   A.经常如此　　　B.从未如此　　　C.偶尔如此

5.你会重复做一些内容相同或相似的梦吗?

A.经常如此　　　B.从未如此　　　C.偶尔如此

6.早晨起床时,你是否觉得情绪不佳?

A.经常如此　　　B.从未如此　　　C.偶尔如此

7.你会不会没来由地感到非常沮丧?

A.经常如此　　　B.从未如此　　　C.偶尔如此

8.你会刚刚出门就返回来确认自己有没有锁好门、关好窗吗?

A.经常如此　　　B.从未如此　　　C.偶尔如此

9.你是否一回家就想躲进自己的卧室,把房门紧紧关上?

A.经常如此　　　B.从未如此　　　C.偶尔如此

10.当你一个人在家时,心里是否会觉得不安?

A.经常如此　　　B.从未如此　　　C.偶尔如此

11.当你需要为一件事做决定时,是否会觉得非常困难?

A.经常如此　　　B.从未如此　　　C.偶尔如此

12.看到自己最近拍摄的照片,你会有不称心、不满意的感觉吗?

A.经常如此　　　B.从未如此　　　C.偶尔如此

13.你是否常常用抽签、抛硬币、翻纸牌之类的方法"测吉凶",并会被测得的结果影响心情?

A.经常如此　　　B.从未如此　　　C.偶尔如此

14.你是否对某种食物感到厌恶,食用时或食用后心情很不愉快?

A.经常如此　　　B.从未如此　　　C.偶尔如此

15.外出游玩时,你是否对看到的景象不满意,心中会有失望情绪?

  A.经常如此   B.从未如此   C.偶尔如此

  16.站在高处时,你是否会产生恐惧情绪,害怕自己有跌落的危险?

  A.经常如此   B.从未如此   C.偶尔如此

  17.你是否曾看到、听到或感觉到别人察觉不到的东西?

  A.经常如此   B.从未如此   C.偶尔如此

  18.外出逛街时,你是否感觉有人跟着你,并为此十分不安?

  A.经常如此   B.从未如此   C.偶尔如此

  19.一个人走夜路时,你是否会想到可怕的事情,并为此十分恐惧、紧张?

  A.经常如此   B.从未如此   C.偶尔如此

  20.在公共场合,你是否觉得人们都很在意你的言行?

  A.经常如此   B.从未如此   C.偶尔如此

  21.你是否会认为自己的能力比不上别人?

  A.经常如此   B.从未如此   C.偶尔如此

  22.每到秋季,你的心境是否会变得十分消沉?

  A.经常如此   B.从未如此   C.偶尔如此

  23.你是否对自己的身体健康状况不满意?

  A.经常如此   B.从未如此   C.偶尔如此

  24.你是否会被朋友、同事或同学起绰号,并因此感到烦恼?

  A.经常如此   B.从未如此   C.偶尔如此

25.你是否对关系最亲密的人感觉不满意?

A.经常如此　　　B.从未如此　　　C.偶尔如此

26.你是否会对父母产生强烈的不满情绪?

A.经常如此　　　B.从未如此　　　C.偶尔如此

27.你是否认为家人对自己不够关爱和体贴?

A.经常如此　　　B.从未如此　　　C.偶尔如此

28.你是否觉得没有人爱你或者尊重你?

A.经常如此　　　B.从未如此　　　C.偶尔如此

29.你是否觉得没有人真正了解自己?

A.经常如此　　　B.从未如此　　　C.偶尔如此

30.你是否会产生结束生命的想法?

A.经常如此　　　B.从未如此　　　C.偶尔如此

评分标准:

以上各种说法选A得2分,选B得0分,选C得1分。

请将得分加总后进行判断。

1.总分在21分以下:情绪状态比较稳定,对自己有较强的自信心,也能够较好地控制自己的情绪;社会活动能力很正常,能够保持较好的人际关系,并能从中获得情感支持。

2.总分21~40分:情绪状态基本稳定,但对人对事的态度比较冷漠消极,自信心受到一定的压抑,不善于发挥自己的个性;偶尔会出现比较消极的心境,但还没有影响到正常的工作、学习和生活。

3.总分40分以上:情绪状态已经很不稳定,负面情绪持续的时间过长,有时还会有情绪失控的问题,影响到了正常的工作、学习、人际关系;如果得分超过50分,则可视为心理健康状况的危险信号,需要及时寻求心理医生的帮助。

第二章

关注情绪,别让"情绪病"毁了你

情绪决定你的生活质量和健康状况

情绪虽然看不见摸不着,却真实地存在于我们的生活中,而且会对我们的生活质量、健康状况造成深远的影响。

心理学家认为,情绪乐观、积极、稳定对身体健康有益,而情绪不稳定或负面情绪大量堆积则会损害身心健康,并有可能引发一系列疾病。

传统中医理论也认为人的"七情"变化和身体健康密不可分,并有"喜伤心、怒伤肝、思伤脾、忧伤肺、恐伤肾"的说法,认为情绪会作用于人的不同脏器,从而影响到人的整体健康状况。

林涛是一名高二学生,入校时他的成绩在全年级名列前茅,可就在高一第二学期,他突然患上了哮喘。

那是在一堂英语课上,老师公布了摸底测验的成绩,林涛没有发挥好,150分的考卷只考了108分,远远低于他平时的水平。看着考卷上刺目的分数,林涛心中十分烦闷,只盼着马上就能下课,好冲出课堂透口气。

可就在这时老师又让他起来解答考卷上的问题,林涛忽然感觉呼吸困难,嗓子就像被堵住似的,说不出一句话。老师看到他脸色青紫、表情惊恐，还用手紧紧抓扯衣领，也被吓坏了，赶紧让同学送他去医务室。

经医生检查，林涛是突发支气管哮喘，可奇怪的是，他本人身体素质良好，以前很少患病，家庭成员也没有哮喘病史。

经过这次事件后，哮喘就成了林涛生活中的一道阴影，几乎每个月都会发作1~2次，每次他都有7~8天不能到校上课，导致成绩严重下滑。

林涛的情况让家长、老师十分担心，为了帮他赶上学习进度，家长还为他请了家教，可是只要一抓紧补课，林涛的哮喘就会频繁发作。家长十分无奈，只好让他继续休息。

哮喘不光影响到了林涛的学习，还让他的心理状态进一步下滑。患病前他就是一个内向、敏感的孩子，和同学交往不多，在班里只有几个关系要好的朋友；患病后，他变得情绪低落、消沉，总是一副郁郁寡欢的样子，和朋友们的关系也越来越疏远……

在这个案例中，让林涛患上支气管哮喘的主要诱因正是情绪。在英语课上，林涛因为考试失利产生了焦虑、抑郁、愤怒的负面情绪，这些情绪会促使人体释放组胺及其他能够引起变态反应的物质，提高迷走神经的兴奋度，降低交感神经的反应性，从而诱发支气管哮喘发作。

不仅如此，疾病屡屡发作也让林涛更加紧张、烦恼、沮丧、痛苦，这些负面情绪又会导致病情加重，难以治愈。

像这种因情绪引发疾病的案例在生活中并不少见。来自印度的自我管理大师杰克迪希·帕瑞克对此进行过总结，他指出，愤怒、怨恨情绪可能会引发皮疹、脓肿、过敏、心脏病、关节炎等疾病；困惑、沮丧、气恼情绪可能会引发感冒、肺炎、呼吸道不畅、眼鼻喉不适等疾病；焦虑、烦躁情绪可能会引发高血压、偏头痛、溃疡、听力障碍、近视、心脏病等疾病；愤世嫉俗、悲观、厌恶、恐惧、愧疚情绪可能会引发低血压、贫血、肾病、癌症等疾病。

帕瑞克的观点并非耸人听闻，而是建立在科学研究的基础之上。以愤怒情绪为例，人在愤怒时，心跳会加速，心肌收缩力会增强，同时血管会收缩，导致血压升高，心脏运作的负担加重，容易引发心脏病。而在愤怒失控的情况下，心脏承受的负担会更重，血脂水平会急速升高，还会激活血小板，诱发血栓形成，因而容易引起心肌梗死、脑卒中。国外的医学家们经过统计发现，容易愤怒的人确实更容易患上心血管疾病。

除了身体疾病，情绪还可诱发心理疾病，如焦虑症、抑郁症、强迫症、恐惧症、疑病症、精神分裂症等都与负面情绪有关，这也是人们常说的"病由心生"的原因所在。

需要提醒的是，即使目前没有表现出身心疾病症状，我们也不能对情绪问题掉以轻心。因为很多时候我们可能正处于情绪"亚健康"状态却不自知。

根据研究人员的统计，人群中真正健康者和患病者的总数不足总人数的2/3，1/3以上的人处于健康和患病之间的过渡状态，也就是"亚健康"状态。这类人常常有情绪低落、心情烦躁、焦虑不安、精神不振、疲乏无力、反应能力减退、适应能力下降之类的问题，但还没有影响到正常的工作和生活。也正因为这样，人们容易忽略自己的情绪问题，忽视自我调节，导致身体心理出现形形色色的健康问题。

为了保证自己的身心健康，我们应当注意控制情绪、调节心理，这样才能让自己的生理和心理处于最佳状态，也才能让人体免疫系统发挥出最大的效能，抵抗各种致病因素，达到防治疾病、提升生活质量的目的。

智商越高的人越容易被"情绪病"缠绕

我们可能会想当然地认为智商越高的人越善于控制和调节情绪，能够让自己的心灵世界保持平静、和谐。可事实却让人感到非常意外。

心理学家研究发现，很多高智商的人并不擅长表达、控制情绪，而且他们在认知和理解他人情绪、处理相互关系方面也有不足之处。

也就是说，高智商者更容易被"情绪病"缠绕。那么，高智商者在情绪方面会有哪些问题呢？

其一，高智商者在工作、学习中往往更容易受到大家的认可，常常会被夸奖"聪明""有能力"，但是在享受称赞的同时，他们也必然会承担着压力，生怕自己有哪一点没有做好就会让其他人感到失望，而这自然会让他们被紧张、焦虑、不安的情绪所困扰。

其二，高智商者拥有很强的认知能力，但也会因此出现"思虑过度"的问题。对于同样的事情，他们不但要求"知其然"，还要"知其所以然"，他们的大脑几乎总在高速运转，而这常常会让他们有一种心力交瘁的感觉，对于幸福、快乐的感知力也会有所下降。

其三，高智商者擅长从理性角度描述和分析问题，却较少从感性角度来表达自己的情绪感受，也较少用语言和肢体动作来宣泄情绪，这会让他人无法理解他们真正的感受，而他们内心的痛苦和压力也无法疏解。

其四，很多高智商者具有瑞士心理学家荣格所说的"内倾型人格"，他们更关注自己的内心世界，不擅长人际交往，比起参加大型的社交聚会，他们更喜欢待在安静、不受打扰的地方思考问题或从事研究，所以他们更容易在自己所擅长的领域取得成功，但是在人际交往和情绪控制方面，却显得比较"笨拙"，有时还会忽略或伤害到他人的情感，会给人留下孤僻、冷漠、傲慢的坏印象，而他们自己也会因为不被人接纳而感到失落、空虚和难过。

正是因为上述这些问题的存在，高智商者更容易遇到情绪障碍问题，罹患自闭症、抑郁症、焦虑症的可能性也要高于普通人群。

2017年，美国匹兹学院的心理学家针对美国门萨学会的3000多位会员（他们普遍智商非凡，要经过一系列的高难度测试才能拥有加入该学会的资格）进行了调查，结果超过四分之一（26.7%）的门萨学会会员被正式诊断为心境障碍里的某一种，还有20%被诊断为焦虑障碍——这两项均远超10%的全美平均值。

了解了这样的事实后，高智商者就更应重视自己的心理健康问题，平时除了进行思维训练，也要关注情绪控制和心理调节的训练，以减少被"情绪病"缠绕的可能。

1.减少对自己的不合理期待

高智商者常常认为自己是很特别的，理应把事情做到尽善尽美，其实这是一种过高的自我期待，会给自己造成过大的压力。

因此，高智商者应学会降低期待，要承认自己不是"全知全能"的，不可能把每件事情都做到完美。像这样经常进行自我暗示，有助于学会以平常心面对问题，一旦某些事情的结果不如自己的期待，心中也不会产生强烈的失落感、沮丧感。

2.停止无用的"过度思考"

高智商者要避免在那些没有价值的事情上不自觉地反复推敲、琢磨，以免引起精神枯竭和情绪焦虑。

为此，高智商者可以参考心理学家玛格丽特·韦伦伯格的建议，用"转移注意力"的方式打断过度思考，将注意力从杂乱无章的想法集中到手头的任务上。最初做到这一点可能不太容易,但随着时间的推移和练习次数的增加,就会越来越熟练,浪费在过度思考上的时间和精力也会越来越少。

3.学会描述和表达自己的感受

美国心理学家罗洛·梅曾经这样说道:"成熟的人十分敏锐,就像听交响乐的不同乐章,不论是热情奔放,还是柔和舒缓,他都能体察到细微的变化。"

很多高智商者欠缺的正是这种成熟的感知情绪的能力,为此,他们要学会倾听自己,了解自己的感受是什么样的,而不要总是从"理性与否""正确与否"的角度去判断情绪。

对于自己感知到的情绪,也可以大大方方地向他人表达。比如可以对很久没有联系的朋友这样说:"你一直没有给我打电话,让我非常伤心、难过。"像这样用具体、准确的词语描述自己的情绪,会给他人留下更加深刻的印象,也便于他人了解你的感受,还能拉近彼此之间的心理距离。

4.找到适合自己的社交圈子

高智商者还需要锻炼自己的人际交往能力,不要总是与所有人保持距离,那样只会让自己失去倾诉和表达情绪的渠道。

当然,增加人际交往并不意味着高智商者要勉强自己进行不喜爱的、耗费精力的社交,而是可以寻找志同道合的好友,或是加入和自己兴趣相投的小圈子，享受分享和互动带来的快乐，这既有助于减轻在工作、生活中积累的压力，也有利于缓解不良情绪。

焦虑症：你为什么会如此焦虑

情绪焦虑是很多现代人都会遇到的问题，在工作、学习、生活、人际关系的压力下，焦虑情绪常会不请自来，让人们难以保持平静的心态。

当然，大多数人遇到的只是普通的焦虑情绪，可要是对某些事情过度焦虑，时间长达数月或更久，而且越来越控制不住自己的焦虑情绪，并且出现了明显的身心症状，这就属于焦虑症的范畴。

24岁的乔佳在一家广告公司工作了一年时间，当然公司给的待遇比较优厚，可工作压力也很大。

每次上司给乔佳布置任务时，她都会觉得很紧张，生怕自己不小心出现差错，会让上司失望。所以她总是尽可能地处理好所有的细节，可即便如此，她每次提交任务总结时，心情还是非常忐忑。

渐渐地，乔佳晚上开始失眠了。她躺在床上，还在想着自己有没有把稿子改好，有没有把活动设计完善，这样的想法使她迟迟无法产生睡意。

　　白天上班的时候，她也总觉得坐立不安，很难静下心来工作。

　　最近一段时间，她还出现了头晕、胸闷、心慌的症状，并且常常觉得口干、容易出汗，身体很不舒服……

　　本案例中，乔佳由于工作压力的影响产生了紧张、焦虑情绪，可她没有及时进行自我调节，导致负面情绪不断累积，逐渐发展为焦虑症。

　　通常，焦虑症患者除了会出现情绪症状，还会出现身体症状，如失眠、坐立不安、头晕目眩、胸闷气短、心慌、口干、尿频尿急、出汗、震颤等。按照症状持续时间的长短和程度的轻重，焦虑症可以被分为两类：广泛性焦虑症（慢性焦虑症）和发作性惊恐状态（急性焦虑症）。

　　至于焦虑症的产生，则与个体的性格特点、成长经历、生活经验有一定的关系。比如，性格固执，过分追求完美，经常给自己定过高的目标，使自己长时间处于"无法完成目标"的焦虑、担忧之中；或者过去遭受过失败、挫折，导致内心缺乏安全感、自信心，对事态发展缺乏掌控感，常常对"不确定"的未来产生焦虑和恐惧情绪。

　　焦虑症患者除了寻求专业心理医生的治疗，还可以从以下两方面进行自我调整。

1. 从认知角度进行调整

焦虑症患者应当意识到那些让自己烦恼、忧虑的想法其实只是一些"猜测",并不是"事实"。

为了帮助自己重构认知,焦虑症患者可以尝试用"如果……会怎么样……可是……事实上……"的句式来进行自我询问,从而厘清"假想"和"事实"。

比如,乔佳就可以这样自我询问:"如果我的工作出现失误会怎么样?领导可能会对我的工作能力提出疑问。

"可是现在并没有出现这样的情况,一切不过是我的假想。

"事实上我的工作能力还是比较过硬的,即使偶尔出现瑕疵,也不会影响领导和同事对我的看法……"

为了进一步说服自己,焦虑症患者还可以准备一张表格,将那些让自己焦虑的"如果"和确定的"事实"分别列出来,这样就能发现自己的焦虑其实是没有必要的,也就能够从负面情绪中慢慢挣脱出来。

2. 从情绪角度进行调整

焦虑症患者还应当及时觉察自己的情绪和身体反应。在出现情绪症状和身体症状时,一定不要过于慌乱,也不要刻意压抑自己的情绪,那反而会让负面情绪不断堆积,很可能导致情绪失控的严重后果。

心理学家建议焦虑症患者做一做放松训练：让手臂、腿部、腹部等处的大块肌肉先收紧，再放松，如此连续进行多次，使肌肉逐渐松弛，身体逐步放松，紧张、焦虑的情绪也就能够得到缓解。

此外，焦虑症患者还可以先放下手头让自己担忧的事情，转而从事一些自己擅长或喜欢做的事情，这样更容易专注其中，有助于转移注意力，缓解焦虑；而且从事这类事情容易取得成效，内心也会产生快乐、满足、自信的感觉，还能增强对事物的掌控感，让自己不再为未发生的事情焦虑不安。

抑郁症：显著而持久的情绪低落

遇到不顺心的事情时，人们的心情会十分低落，常常表现得闷闷不乐，做什么事情都提不起劲来。于是有的人会认为自己患上了"抑郁症"，并为此忧心忡忡。

其实，短时间的抑郁情绪和抑郁症并不是一回事。抑郁情绪只能算是普通的心理问题，它的持续时间较短，能够自行缓解，不会对日常生活、工作和人际交往造成严重影响。

可抑郁症的情况却很不相同，它是一种精神疾病，患者会出现显著而持久的情绪低落，有时还会有悲观厌世的想法，严重时可能引起自杀行为；而且患者无法控制自己的情绪，内心十分痛苦，身体也会受到影响，会出现失眠、食欲下降、体重减轻、疲乏无力等多种症状。

30岁的谢敏是一名白领，她从事的是一份富有创意的工作，时间比较自由，同事们都表现得很有干劲，可她却总是提不起兴趣，甚至对工资高低都没有了感觉。

上级发现她状态不好，特地用微信给她发来鼓励的信息，可她看完后却没有受到任何触动。在她看来，一切都是那么"无聊"，不仅工作如此，在生活中，她也很少能够找到有意思的事情。

周末朋友找她一起逛街，她也表现得很不情愿。朋友好说歹说，她才同意出门，可无论是在逛商场时，还是到餐厅享用美食时，她都是闷闷不乐的，让朋友感到十分扫兴。

朋友问她是不是遇到了什么难题，所以才会心情不好。她想了想，皱着眉头说："我也不知道是怎么回事，最近好像感觉不到什么乐趣，就像心灵已经完全麻木了一样。"

随着时间的推移，谢敏的"麻木"状态越来越严重，几乎每天晚上都会失眠，早上不想起床，起床后还感到精神萎靡，食欲也出现了明显的下降。有一天早上，公司要开早会，谢敏却怎么都不想起床，她躺在床上胡思乱想，脑海中出现了这样的念头："生命一点意义都没有，我真想做点什么，彻底摆脱这种空洞、无聊的生活。"

就这样，谢敏在床上躺了一整天，自我感觉非常痛苦，却又不知该如何摆脱这种状态……

很显然，困扰谢敏的已经不是普通的抑郁情绪，而是抑郁症。

根据DSM-5（美国《精神疾病诊断与统计手册》第5版）的诊断标准，在同样的两周时期内，出现下列症状中的5个或5个以上，并且其中至少有一项是"心境抑郁"或"对活动失去兴趣或愉悦感"，即可确诊为重性抑郁障碍（重性抑郁症）。

（注：不包括那些能够明确归因于其他躯体疾病的症状。）

1.几乎每天大部分时间都心境抑郁，既可以是主观的报告（例如，感到悲伤、空虚、无望），也可以是他人的观察（例如，表现为流泪）（注：儿童和青少年，可能表现为心境易激惹）。

2.几乎每天或每天的大部分时间，对于所有或几乎所有活动的兴趣或乐趣都明显减少（既可以是主观体验，也可以是他人观察所见）。

3.在未节食的情况下体重明显减少或增加（例如，一个月内体重变化超过原体重的5%），或者几乎每天食欲都减退或增加（注：儿童则可表现为未达到应增体重）。

4.几乎每天都失眠或睡眠过多。

5.几乎每天都精神运动性激越或迟滞（由他人观察所见，而不仅仅是主观体验到的坐立不安或迟钝）。

6.几乎每天都疲劳或精力不足。

7.几乎每天都感到自己毫无价值,或者过分地、不适当地感到内疚(可以达到妄想的程度),(并不仅仅是因为患病而自责或内疚)。

8.几乎每天都存在思考或注意力集中的能力减退,或者犹豫不决(既可以是主观的体验,也可以是他人的观察)。

9.反复出现死亡的想法(而仅仅是恐惧死亡),反复出现没有特定计划的自杀意念,或有某种自杀企图,或有某种实施自杀的特定计划。

对照谢敏的情况,我们会发现她已经出现了"心境抑郁""对活动失去兴趣""食欲减退""失眠""疲劳或精力不足""有自杀意念"等症状,属于重性抑郁症。

如果谢敏不及时接受治疗和自我调理,抑郁症将会严重影响她的社会功能,使她难以应对正常的工作、学习和生活,并有可能引发自杀这类极端行为。

因此,像谢敏这样的抑郁症患者一定要对自己的情况加以重视,并要及时采取正确的应对措施。

1.正确认识抑郁症

由于对抑郁症缺乏足够的了解,很多患者往往意识不到自己的情况是抑郁症,会和失眠、心情不好相混淆,导致错过了寻求专业帮助的机会。因此，患者需要多了解心理学知识，能够觉察到抑郁症的"信号"，以便及时接受诊治。

另外，有的患者会认为抑郁症是"不治之症"，并会因此产生羞耻感，从而出现隐瞒病情、回避社交的行为，而这会进一步加重他们的抑郁、痛苦情绪，导致病情恶化。

事实上，就算是重度抑郁障碍也是有痊愈的可能的，患者应当树立起自信心，积极配合医生的治疗，同时结合自我心理调整，才能让自己逐渐走出阴霾。

2. 积极进行自我调整

抑郁症的自我调整可以从以下几个方面入手。

（1）人际关系调整：患者应当注意锻炼人际交往技能，以便改善人际关系，获得朋友、亲人、爱人的关怀、支持和鼓励，有助于预防和克服抑郁情绪。

（2）认知调整：患者应当改变"无助"的思考模式，即不要以负面的方式来解释和印证自己的经验，也不要对未来抱持悲观的看法，而是要学会客观地分析和看待事物，做出符合逻辑的推断，从而摆脱扭曲的认知，避免抑郁情绪不断堆积。

（3）生活习惯调整：经常从事中等偏上强度的运动，如跑步、登山、攀岩、打网球等，能够促进内啡肽的分泌，起到缓解压力、增强愉悦感的作用，有助于改善低落的心境。不过，之前没有运动习惯的患者应注意循序渐进地增加运动量，不可急于求成。

除定期运动外，患者还应注意保持均衡、健康的饮食，以便为身体提供足够的营养，从而能够保持精力充沛、身心舒适，有助于减少出现精神健康问题的风险。

强迫症：焦虑情绪与强迫症状交互影响

你是否遇到过这样的情况？

刚刚下楼就觉得自己没有锁好房门，不得不回家检查，可检查了好几次后还是觉得不放心，心里总是想着"我到底锁门了吗"。

从外面回到家，觉得身体沾染了病菌，需要一遍一遍地洗手，哪怕已经把皮肤搓红搓痛，还是认为"不够干净"。

走在街上，你会不由自主地去数人行道上的地砖，或是街道两边的电线杆，你明知道这种行为没有任何意义，也试着去抵抗，却发现越抵抗就越是无法控制自己的行为……

如果你已经多次遇到上述情况，就应当引起足够的警惕，因为这些正是强迫症的典型症状。

强迫症的产生和多种因素有关，其中焦虑情绪扮演着非常重要的角色：强迫症会让人陷入反复思虑、反复回忆之类的"强迫思维"，还会引起反复检查、反复询问之类的"强迫行为"。很多时候患者明明不想这样做，却又抑制不住冲动，因而内心会非常焦虑。

为了缓解焦虑情绪，患者会不自觉地实施强迫行为，以求得片刻心安，但随之而来的就是深深的自责和懊悔。而且患者会认为强迫症状是不健康的，是对自己有害的，同时也会担心周围人对自己的看法，因而会陷入更加严重的焦虑情绪中。

由此可见，想要缓解强迫症，减轻强迫症状，就需要减轻焦虑情绪。可以从以下几个方面进行。

1.停止对细节的过度关注

强迫症患者常常会将自己的注意力放在一些不重要的细节上。在处理事务时，常会要求"十全十美"，并会严格按照某种特定的程序或仪式按部就班地完成动作，否则就会有强烈的焦虑感。

这种追求细节的强迫症患者，一定要学着放弃对细节的过度关注，转而考虑事情的重点和关键部分。在处理问题时，可以参考"二八定律"（帕累托法则），把80%的精力放在最重要的事情上，放在事关整体和大局的问题上，只将20%的精力和时间用于完善不太重要的细节问题，这会帮助强迫症患者摆脱细节的禁锢，减少焦虑、紧张情绪。

2.将强迫思维赶出脑海

强迫症患者的脑海中经常会反复出现某些想法或观念，这些想法常常是荒谬的、没有意义的，可患者却无法将它们赶出脑海，并会因为抑制不住思考而感到烦躁、焦虑。

对此，心理学家建议患者要学会对强迫思维主动"喊停"，比如发现自己出现了强迫思维，感觉心智快要被其控制时，就可以对自己大喊一声："立刻停止！"这样的"当头棒喝"能够打断强迫思维，还能帮助患者找回自我意识，夺回思维的主动权。

3.试着去"中和"强迫思维

如果你无法叫停自己的思维，也可以尝试"中和"调节法。就是说，不要试图抑制强迫思维，以免出现"无法自控"的体验，增强烦躁、焦虑的情绪。在这时，你应当注意让自己的身心放松下来，暂时放下之前已经发生的事情，多考虑当下和未来的事情。比如，白天的工作做得不够完美，但事已至此，再多思虑也无法改变现状，你不妨在脑海中预想第二天的工作情况，看看能不能消除漏洞，把事情做得更好。

这种做法能够淡化、中和自己的强迫思维，也能帮你减轻焦虑、恐慌、猜疑、不安的情绪。

当然，除了自我心理调适，你还可以向专业的心理医生寻求帮助。特别是在出现了明显的强迫症状之后，更应当及时向医生求助，以便在医生的指导下采取有效的措施，增强心理承受力和调适能力，这样才能从根本上克服强迫症，让心灵恢复自由状态。

疑病症：对疾病难以消除的恐慌情绪

在生活中，有一些人明明身体非常健康，却疑心自己患有某些病症；一旦身体出现不适，他们就会觉得十分恐慌，即使去医院检查后发现一切正常，也无法摆脱恐惧、焦虑、担忧的负面情绪，严重时会影响正常的工作和生活。

这种情况被称为"疑病症"，也叫疑病性神经官能症。

26岁的陈刚最近在工作中遇到了一些难题，精神压力很大，出现了食欲下降、失眠的情况。

一天晚上，他又在为工作的事情发愁，忽然感到头顶位置一阵阵刺痛，似乎还有一些手足发麻的感觉。

"我是不是患上了脑溢血或脑梗死？"联想到之前看过的一篇题为《白领突发脑溢血离世》的公众号文章，陈刚心中十分慌乱。

第二天一早，他就向公司请了假，去医院检查，但没有发现任何异常，医生告诉他头顶刺痛可能与他最近休息得不好、情绪紧张有关，劝他放松心情，保持规律作息。

但陈刚觉得很不放心，他自己在网上查找信息，还看了一些健康类的自媒体文章，也看不出个所以然，反而觉得头部、颈部和胸部更不舒服了。

后来他又反复到多家医院就诊，接受过脑电图、心电图、超声波、胃镜等十几种检查，也没有发现问题。

可他就是无法摆脱恐慌情绪，即使医生告诉他"没事"，他也会认为医生是怕自己承受不住，才刻意隐瞒病情，所以医生越是安慰他，他就越是忧心忡忡……

陈刚就是一名典型的疑病症患者，他对自己的身心健康过度关注，又常常对自己的健康状况做出错误的估计，终日处于对"假想疾病"的强烈恐慌情绪之中，自我感觉十分痛苦。

疑病症的产生通常和以下几种原因有关。

1.不良心理暗示

疑病症的产生与心理暗示有较大的关系。比如，有的人看到自己的亲人患上了某种严重的疾病，不论此种疾病是否具有遗传性或传染性，他们都会对自己进行消极的心理暗示："我可能也会患上这种疾病。"

之后，他们会对自己身体的细小变化十分关注，哪怕出现了微乎其微的健康问题，也会引发情绪的强烈波动，并会对自己做进一步的心理暗示："我之前的担心变成了事实，我已经出现症状了！"

在不良心理暗示的影响下，他会对自身"病情"深信不疑，最终会发展为严重的"疑病症"。

2.自身性格缺陷

疑病症与个人的性格也有一定的关系,比如,性格敏感、多疑、谨小慎微的人更容易患上疑病症。

心理学家还发现,有些以自我为中心、听不进他人意见的人,也容易成为疑病症患者。这类患者往往固执己见,在他们为不存在的疾病烦恼、痛苦时,亲人、朋友的安慰及医生的规劝都不能消除他们的"疑病信念",反而会让他们更加忧虑、苦恼。

3.社会心理因素

家庭关系发生剧变(如亲人离世、夫妻离婚、子女离别等),或是生活稳定性改变、社会交往突然减少(如搬家或更换工作,导致与原来的朋友、同事减少了联系),都会让人缺乏安全感,也会让人感觉孤独、寂寞、空虚,难免将注意力全部集中在自己身上,并有可能放大一些无关紧要的健康问题,从而引发疑病症。

不管是什么因素诱发的疑病症,都会对心理健康造成很多不良影响,严重时可能引发抑郁症、焦虑症等情绪障碍,同时,负面情绪又会加重疑病症病情,造成恶性循环。因此,我们对疑病症不可掉以轻心,要及时采取措施,从情绪和心理入手进行自我调节。

1.要对自己的身体健康状况有客观的认知

疑病症患者应当树立科学的健康理念,在身体出现不适感的时候,不要自己随意在网上查找一些资料就"对号入座",认为自己患有某种疾病。

事实上,是否患有疾病应通过一系列医学检查才能得出结论,所以,如果担心自身健康状况,应当及时入院接受检查,并要信任医生给出的诊断结果,不要妄加猜测。

2.变消极暗示为积极暗示

疑病症患者要停止对自己进行消极暗示,同时要学会对自己进行积极的语言暗示,如可以这样鼓励自己:"我已经接受过检查,医生确定我的身体没有任何问题。之前我觉得某处疼痛、不舒服,其实都是因为自己太敏感。"

除了语言暗示,疑病症患者还可以采用动作暗示的方法,唤醒积极、乐观的情绪。比如,在感觉身体不适时,可以坐直身体,握紧拳头,感受肌肉的力量,让自己产生积极的情绪;也可以走到开阔的地方,张开双臂,挺胸抬头,让身体尽量向外舒展,这样的肢体动作有助于提升自信心和快乐感,能够减少因害怕患病而产生的恐慌、忧虑情绪。

3.投入社会活动中,减少自我关注

对疑病症患者来说,减少对自我的关注也有助于缓解不良情绪,减轻因情绪紧张引发的不适症状。

为此,疑病者患者可以积极地参与社会活动,比如,参加社区

组织的一些志愿者活动，或是参加公益活动，在为社会、为他人做出贡献的同时，也能获得一种满足感和自豪感，同时还能让自己的注意力转移，从而降低疑病症发作的概率。

恐惧症：内心被恐惧的阴影笼罩

在现实生活中，我们经常会对某些事物或情境产生恐惧情绪，这是一种本能反应和原生情绪，可以促使我们小心戒备或远离危险的事情。

可要是恐惧情绪不受约束，或是经常出现非理性、不必要的恐惧情绪，同时还引起明显的焦虑和一些自主神经症状，就会成为恐惧症。

32岁的曲雯大学毕业后，在某公司担任行政专员。曲雯从小性格内向，少言寡语，没有什么朋友。

上学时，父母对她的管教很严格，不许她过早交男朋友。有时男同学打电话来家里，父母会再三盘问她对话细节，次数多了，她索性不与男生交往，班里同学举行郊游或聚会，她也不去参加。

久而久之，她发现自己越来越不会与人打交道了，特别是上高中后，她一看见男生就感到紧张，不喜欢和他们说话。

这种情况在她参加工作后变得更加严重了。她不敢在人多的场合发言，总觉得人们都在用怪怪的眼神盯着自己，或是在背后议论自己的"笨拙"；她还很害怕和年轻的异性交流，不敢和对方发生目光接触，有时视线不小心相遇，她就会感到非常难堪，不知道眼睛该看哪里才好。

最近几年，亲戚、同事为她介绍男朋友，她也总是找借口拒绝见面。实在躲不过了，勉强去见面，她又会表现得目光躲闪、手足无措，让自己和对方都觉得十分尴尬。

经过几次失败的相亲之后，她更加不愿和陌生人见面了，上班时也很少和同事沟通，平时独来独往，成了大家眼中的"怪人"。

她的父母对这种情况非常担心，苦苦劝她去接受心理咨询，可是她一想到要和心理医生面对面交谈，就觉得十分恐惧，怎么都不肯出门……

发生在曲雯身上的，其实是一种名叫"对视恐惧症"的心理障碍，属于恐惧症的一种，主要表现是害怕和人对视，总是认为别人在盯着自己看，由此会产生恐惧、焦虑、烦躁等负面情绪，身体也会处于高度紧张的状态，不知道该做出何种反应。

为了消除负面情绪和身体不适，患者常常会采用回避交往的方法，尽量减少与人目光接触。他们其实也知道自己的恐惧、焦虑情绪是不合理、不必要的，可就是无法对其进行控制，以致影响了正常的人际交往、工作和生活。

除了对视，让恐惧症患者感到害怕的事还有很多，由此也就出现了形形色色的恐惧症，大概可以分为以下几种。

1.社交恐惧症

社交恐惧症患者特别害怕来到社交场合，或是与他人沟通交往。每到这种时候，患者就会产生强烈的恐惧、焦虑情绪，害怕自己紧张的表现会引起他人异样的眼光，从而会引发尴尬场面。

对视恐惧症其实是社交恐惧症的一种，社交恐惧症还有害怕脸红的"赤面恐惧症"、害怕面部表情会引人反感的"表情恐惧症"、害怕当众发言的"公开演讲恐惧症"等。

2.特定恐惧症

特定恐惧症是对特定事物或特定场合产生强烈的、不合理的恐惧情绪。比如，有的患者特别害怕登上高处，这种情况被称为"恐高症"；有的患者在电梯、地铁等密闭空间里会感到十分恐惧，这被称为"幽闭空间恐惧症"；此外，还有动物恐惧症（害怕某种动物）、黑暗恐惧症（害怕黑暗、夜晚）、尖锋恐惧症（害怕尖锐锋利的物体）、气流恐惧症（害怕空气流动）等多种类型。

3.广场恐惧症

广场恐惧症患者会对类似广场的场所产生恐惧情绪，比如，他们会对广场、旷野等开放的场所感到恐惧，还会对人群聚集且难以散去的场所如商店、公共汽车站、剧场等感到恐惧，因而会回避去这些场所。

在恐惧症患者看来，回避是一种很好的应对方式，可以让他们暂时逃脱恐惧情绪。可越是回避就越是会让他们感觉到自己的懦弱，还会引发自责情绪，在下一次面对让自己恐惧的对象时也会更加难以忍受。

因此，恐惧症患者应当鼓起勇气，直面让自己害怕的对象或情境，这种做法也被称为"系统脱敏疗法"。患者可以先从"想象脱敏"开始锻炼，即让患者在放松的状态下想象让自己害怕的事物，在感到恐惧、紧张时就要停止想象并放松全身，然后重复这样的过程，直到对想象的事物不再感觉恐惧。

完成了想象脱敏的训练后，患者可以进行现实训练，即面对一些真实的、让自己恐惧的对象。当然，这种训练应当按照循序渐进的原则进行，以便让患者逐渐适应，避免引发强烈的情绪反应。

在进行"系统脱敏"训练的同时，恐惧症患者还应注意调整不合理的认知，如告诉自己"我是可以战胜这种处境的"，这会让自己树立起自信心，有助于减轻恐惧，减少想要逃避的冲动。

此外，恐惧症患者还可以进行社交技能训练，让自己在社交场合的表现趋于自然，内心的恐惧、紧张情绪也能得到一定的缓解。

情绪性过敏：情绪剧烈波动也会引发过敏

我们身体的免疫系统在某些外界物质的刺激下会产生一系列的反应，当这类反应超出正常范围时，就会引起生理功能紊乱、组织细胞损伤，表现为皮肤瘙痒、起丘疹、打喷嚏、流清涕、鼻痒、鼻塞等不适症状，这就是我们常说的"过敏"，在医学上被称为"变态反应"。

在日常生活中，一些人吸入了花粉，接触到尘螨，或是食用了海鲜、奶制品后都有可能过敏。不过你可能没有想到，情绪剧烈波动也是造成过敏的原因之一。

49岁的沈洪波是某服装厂的厂长，最近半年由于疫情影响，厂里接不到订单，效益一落千丈，员工工作起来没有劲头，沈洪波心中焦虑万分。

为了寻找出路，沈洪波召集了厂里的干部和骨干员工，打算让大家想想办法。可是有几名员工却总是说丧气话，还说"与其这样耗下去，还不如解散拉倒"。

沈洪波心里本来就憋着一股气，听到员工不负责任的说法后，他火冒三丈，一拍桌子，大吼道："就是因为有你们这种人，厂子才会一天天走下坡路……"

话还没说完，沈洪波突然觉得眼前一黑，接着连气都喘不上来，很快他便失去了意识，倒在了地上。

员工们吓坏了，赶紧把他送到医院抢救。经医生诊断，他并没有心脏或大脑方面的问题，只是由于情绪波动太过剧烈，引发了过敏性休克，才会突然昏迷，而且他全身还起了很多大大小小的疹子。

经抢救后，沈洪波的各项体征逐渐恢复正常，疹子也慢慢消退。他得知让自己昏迷的原因竟是激动和愤怒的情绪后，不禁感到非常害怕……

在生活中，有些人负面情绪比较严重，心理状态也很不稳定，在突如其来的情绪爆发后，就可能会像沈洪波这样，出现过敏反应。

情绪的剧烈变化会引起内分泌系统和神经系统的紊乱，导致血管突然收缩，血压急剧上升，大脑处于缺血状态；并可促使组胺等"过敏介子"释放，从而引起过敏反应。这种情绪过敏反应属于"速发型过敏"，起反应较快，症状比较严重，像沈洪波因情绪激动当场出现过敏性休克，就属于"速发型过敏"。

还有一些人因为长期心理不健康，情绪总是处于起伏不定的状态，就可能引起"迟发性过敏"。这种过敏反应症状较轻，具有一定的隐蔽性，自我鉴别和诊断比较困难，患者需要根据发病的特点慢慢总结规律，才会意识到过敏症状与情绪有关。

为了防范"情绪性过敏",我们应当注意做好以下几点。

1. 注意观察身体变化与情绪之间的联系

经常过敏的人平时要细心观察过敏反应发作的规律,比如,在情绪紧张、恐惧、抑郁、愤怒时,身上经常起荨麻疹,感觉瘙痒难熬,可在情绪愉悦、心境平和时,荨麻疹就会减轻甚至消失,这就说明荨麻疹的发作和加重与情绪大有关系,只有调节好情绪,才能避免出现这样的过敏反应。

2. 注意调节好自己的情绪

在情绪性过敏反应出现时,因为身体非常不适,我们可能会更加紧张、焦躁,而这无疑会造成恶性循环,让过敏反应变得更加严重,即使用药治疗效果也不明显。

因此,在配合治疗的同时,我们应当做好情绪调节,如可以放松身体,做做深呼吸,还可以把注意力从身体转移到其他事情上,不适感就会有所减轻。

3. 注意改善环境

如果经常出现情绪性过敏反应,还可以考虑环境疗法,即暂时改换一个轻松、愉快的生活环境,以便消除过去的不良体验,让低落的情绪重新振奋起来。

另外,平时还可以多多锻炼身体,并保持规律的作息,以提升免疫力,缓解工作、生活中积累的压力,这样做有助于改善过敏症状。

小测试:测一测你的焦虑症程度

你可以在网上搜索美国杜克大学庄教授(W.K.Zung)编制的焦虑自评量表(SAS),测评自己的焦虑程度。

第三章

情绪失控,人生中的"不定时炸弹"

情绪是一种"能量",被压抑的部分终会爆发

我们每天都会产生各种各样的情绪,它们是心理活动的正常产物。我们应当以接纳的态度对待自己的情绪,学会正确地疏导和管理情绪,而不是刻意地压抑情绪。

压抑情绪的害处极大,一位心理学家这样说道:"压抑情绪与控制情绪不同,它不会让负面情绪真正消失,而是会让它们在内心大量淤积,或迟或早,这些情绪会以更强的力量爆发出来。"

的确,很多人之所以会出现严重的情绪失控,并不都是当时当地单纯的情绪诱因引发的,而可能与过往没有解决好的情绪问题有很大的关系。

28岁的张博宇在一家公司担任后勤主管,他虽然年轻,却颇有魄力,刚刚上任就推出了一整套新的工作制度,想要改变部门效率低下、人浮于事的现状。

然而,后勤部门的很多员工都是年龄较大的"老资历",他们不愿意听从张博宇的调遣,还经常出言讥讽他,动不动就说他"毕竟年龄小,很多事情都没经验"。

张博宇心中十分气愤,但他考虑到自己初来乍到,应当表现

得克制、隐忍，尽量和员工把关系搞好，日后才方便开展工作。

可他的忍让没能换来员工的理解，反倒让他们得寸进尺，有几个员工甚至故意违反新的出勤制度，不是迟到就是早退，让张博宇心中的怒火不断升级。

这天，一名负责卫生间保洁的员工又来找张博宇请假，说家里来了客人，需要早点回去买菜做准备。

张博宇勃然大怒，狠狠地将手中的名册摔在地上，对着员工大吼起来："你们就知道请假，这么不喜欢工作，就辞职回家去！"

那名员工没想到张博宇会突然爆发，吓了一跳，但很快就反应了过来，也气呼呼地和张博宇大吵起来。

两人越吵越凶，之后竟动起手来。在一旁看热闹的员工也不好意思置之不理，他们纷纷走来劝解，可张博宇就是控制不住愤怒情绪，在扭打推搡中，他的肘部重重撞在一名员工的头部，给这名员工造成了轻微伤，他自己也遭到了公司的处分……

张博宇不想影响同事关系的和谐，因而一直在压抑自己的情绪，可这种压抑却让他变得更加敏感，结果遇到了一点鸡毛蒜皮的小事都会大发雷霆。

至于他选择压抑情绪的原因，则与个体的"心理防御机制"有很大的关系。心理学家认为，个体在面临挫折或冲突的紧张情境时，会自觉或不自觉地采取某些措施减轻心中的不安，恢复心理平衡与稳定，这就是心理防御机制。

压抑情绪，让自己暂时忘记不愉快就是一种自我防御措施，可事实上，不愉快的事情仍然存在于人们的潜意识中，在某些时候就会影响人们的行为。张博宇就是因为这样才会突然情绪失控。

另外，家庭教养方式与社会主流文化也会让一些人不自觉地压抑情绪。比如，父母经常会教育孩子"不能哭，哭是软弱的表现""不能动不动就生气，生气的孩子不乖"等，而社会主流文化也认为"有涵养"的人应当稳重、保守、内敛，不宜过于张扬、外露，这些因素都会让他们不敢或羞于表达自己的负面情绪，久而久之，他们就会养成压抑情绪的习惯。

然而，长时间压抑情绪会造成认知和思想的扭曲，更有可能引发严重的心理问题。

1.压抑会引起负面情绪的"反扑"

美国心理学家丹尼尔·韦格纳曾经做过一个经典的白熊实验。在这个实验中，韦格纳要求实验对象在一定时间内不要想到"白熊"，如果不小心想到就要按铃。结果实验刚开始进行就有实验对象按铃。之后按铃的实验对象越来越多，他们发现自己越是努力控制不去想"白熊"，脑海中就越是会持续出现与白熊有关的想法。

压抑情绪的过程与此类似，我们越是想压制负面情绪，就越容易出现反作用。我们可能会不由自主地去想那些让自己不愉快的事情或人，导致负面情绪越来越强烈，最终便会出现情绪失控的情况。相反，若是我们放松心情，不再刻意回避"白熊"，而是采用顺其自然的方法去应对它，就能够避免出现严重的情绪"反扑"。

2.压抑情绪会造成自我消耗

习惯性压抑情绪的人常常会有思维反刍的问题，他们会情不自禁地进行这样的反思：

"如果我没有去做那件事，是不是就不会陷入眼前的糟糕局面？"

"我现在心情这么烦躁、焦虑，会不会引发抑郁症？"

"为什么这些事情偏偏发生在我身上？"

显然，他们思考的事情对于解决现实问题毫无帮助，可他们却无法停止这种没有意义的思考。在过度思考中，他们的自我认知资源不断消耗，注意力不断窄化，会影响工作、学习的效率，也会让自己的心态变得很不健康。

对于这类人来说，当务之急是要及时叫停"思维反刍"，要将漫无边际的胡思乱想转变为思考解决问题的办法，只有这样，才能让自己摆脱困境，也才能避免负面情绪的持续堆积。

3.压抑情绪，会破坏自己与他人之间的正常连接

正常的人际交流离不开情绪的互通互动，如果一味压抑情绪，不让对方知道自己的感受，反而会让彼此之间的关系变得越来越疏远。

比如，在一个家庭中，妻子心中有了委屈、不满，却因为不想

影响夫妻关系的和谐,一直压抑情绪,从不向丈夫表达,而粗线条的丈夫对妻子的感受全然不知,也没有及时采取措施修补关系,导致妻子对丈夫产生了严重的怨恨、愤怒情绪,最终夫妻关系难免会走向破裂。

像这样的例子在生活中并不少见,它也提醒了我们不应把负面情绪一直压在心底。在感觉内心不舒服时,可以通过合理的方式疏导和宣泄情绪,避免让情绪成为人生中的"不定时炸弹",最终以我们意想不到的方式突然爆炸。

愤怒失控:不可抑制的情绪

作为四种基本情绪之一,愤怒在个体的成长历程中出现较早。心理学家通过研究发现,出生几个月的婴儿在探索外界环境的尝试受到阻碍后,就会出现大哭、肢体扭打等愤怒表现。

对成年人来说,出现愤怒情绪也是很常见的事情。在感觉自己受到了不公正的待遇,或是遇到了无法接受的挫折时,愤怒情绪就会不请自来。

有的人不善于管理愤怒情绪,随着怒气上涌,他们会变得十分冲动,常常会对那些让自己愤怒的对象大吼大叫,有时还会做出一些暴力行为。待他们的情绪冷静下来后,看到自己造成的严重后果,难免会追悔莫及。

41岁的冯磊是一个脾气暴躁的人，他经常因为无关紧要的小事与人发生冲突。有一次，他外出时想要乘坐出租车，不巧司机师傅打算回家，冯磊要去的目的地不顺路，司机师傅便礼貌地向冯磊致歉，请他换乘其他车。

没想到冯磊却说："反正我已经上车了，你不走也得走，要不我就投诉你拒载！"

冯磊霸道的态度惹怒了司机师傅，两人发生了口角，冯磊在盛怒下动手打了司机师傅。事后，冯磊接受了处罚，并向司机师傅赔偿了1000元医药费。

按说有了这次教训，冯磊应当学会控制自己的情绪，不要随便发怒，但他却偏偏没有这么做。

一次，冯磊和几个朋友到一家KTV唱歌。因为旺季顾客较多，他们等待了很久也没有等到房间。

心急的冯磊不停地催促服务员，态度很不友好。服务员忍无可忍，与冯磊发生了争执。冯磊一气之下，用力挥拳打在了服务员的胸部，将他打倒在地，导致其受了轻伤。

服务员报警后，民警赶来处理纠纷，冯磊却被怒火冲昏了头脑，试图以辱骂、拉扯的过激方式阻碍民警执法。最终，冯磊受到了相应的处罚。

很显然，冯磊就是一个典型的容易因愤怒情绪影响而失控的人。在愤怒情绪产生时，他无法及时觉察到自身情绪的异常，也不善于进行相应的心理调节。他任由情绪控制自己的心智，完全陷入了愤怒的状态中，导致出现了伤害他人的暴力行为。

从心理学的角度来看，愤怒产生的原因与人类保护自我的"防御本能"有很大的关系：当我们认为自己的尊严、权益即将或已经受到他人的损害后，就会进入"战斗模式"，想要保护自己，攻击对方。而愤怒就是一种自我防御的手段，它可以让对方了解我们的态度。

然而，在很多时候，由于认知的偏颇，我们可能会把对方无意的举动看成对自己的伤害，并会因此情绪爆发，出现激动的言行和外在攻击行为，这种失控的愤怒已经偏离了自我保护和防御的初衷，变为了对他人的攻击。

那么，我们应当如何避免愤怒情绪失控呢？

1. 觉察"见诸行动"

"见诸行动"是一个心理学概念，简单理解，就是遇到问题时的反应总是行动在先，思考在后，甚至完全不假思索，任由情绪驱使做出冲动行为。

愤怒失控者大多存在"见诸行动"的坏毛病。为此，这类人应当学会及时觉察自己的"见诸行动"。不妨在引起愤怒的事件发生后进行有意识的记录和总结，试着回想一下当时的情况，并将自己的反应与事实进行对照。

这种对照能够让自己发现愤怒情绪产生的根本原因并不是对方

的行为,而是自己看待问题的方式,所以日后再遇到类似问题时要切记不能盲目下结论。

此外,这类人还可以多反思情绪过激造成的严重后果,如会影响人际关系,会让自己承担法律责任,等等,这可以起到警示作用,能够提醒自己"三思而后行"。

2.在感到愤怒时给自己缓冲时间

为了避免出现"行动先于思考"的情况,我们还可以给自己一点缓冲的时间。比如,脑科学家建议我们在盛怒时先强迫自己等待6秒,因为前额皮质(脑部的命令和控制中心)行动比较"迟缓",6秒恰好是它的反应时间,当它开始运作时,我们更容易找回理智。

另外,美国心理学家费尔德提出了一种有效的"制怒法",很适合脾气暴躁、容易发火的人尝试:如果我们因为某事想要大发雷霆时,不妨先离开现场,找一个安静的地方,一边观察身边的各类事物,一边描述它们的颜色。当我们数完12种事物的颜色后,情绪往往已经基本恢复平静,大脑也可以恢复正常思考,不会因为愤怒失控做出不理智的事情。

3.远离愤怒"应激源"

为了降低愤怒失控的频率,我们还可以远离让自己愤怒的"应激源":如果公司有同事让我们感到心情烦躁、容易生气,我们就尽可能地与其保持距离；如果觉得某些社交场合会让自己压力陡增，更有可能引发愤怒情绪，我们也可以考虑回避这类场合。

另外，在愤怒产生时，我们可以立刻在脑海中想象过去经历的愉快的事情，让自己暂时跳出当前的愤怒场景，有助于调整情绪状态。

必须指出的是，控制愤怒情绪并不等同于强迫自己隐忍情绪。如果确实感觉自己受到了不公正的待遇，我们可以适当表达自己的愤怒，但一定要注意方式方法，要尽可能地用理性沟通的方式说明自己的感受，这样对方才能理解并做出适当的反应，我们的愤怒情绪也才能真正获得疏解。

嫉妒失控：心中燃烧着嫉妒的火

你曾经产生过嫉妒情绪吗？这是一种典型的复合情绪，包含着指向他人的愤怒、厌恶、轻蔑、怨恨等情绪以及指向自身的愧疚、自责情绪。

正是因为这样，在嫉妒他人的同时，我们自身的情绪会出现巨大的波动，各种负面情绪接踵而至，严重时会引发内分泌系统失调和神经系统、消化系统的紊乱。

当嫉妒情绪失控时，我们的理智会被彻底蒙蔽，会做出一些伤害他人的行为，而自己也会因此付出惨重的代价。

35岁的徐敏在一家公司做销售工作,她精通业务,又有丰富的经验,每个月的业绩都名列前茅,公司颁发各种奖励总是少不了她的一份。徐敏为此越来越骄傲,觉得自己就是部门里当之无愧的"第一人"。

最近公司为了开辟新市场,从知名高校招聘了一批人才。起初徐敏并没有把这些新人放在眼里,可没想到才过了几个月,新人们就展现出了超强的实力,他们善于研究客户心理,还使用了新的销售技巧,拿下了不少订单,其中一位新人刘某的业绩居然超过了徐敏。

眼看"销售冠军"的宝座保不住了,徐敏心中十分失落。再看到新同事屡屡得到领导的表扬、公司的嘉奖,徐敏就更是恼怒、怨恨不已。

"他们不过是些初出茅庐的愣头青,凭什么踩在我头上?"徐敏越想越生气,经常在办公室里摔摔打打,同事们都不太敢和她多说话。

这天中午,同事们三三两两地结伴去公司食堂吃饭,徐敏因为心情不好,一个人待在办公室里。没过多久,她接到一位客户打来的电话,说有急事找刘某商谈。

徐敏本应立刻将这件事转告给刘某,但她当时被嫉妒冲昏了头脑,瞒下了消息。而刘某由于没有及时给客户回电,耽误了签约时间,引起了客户的强烈不满。

客户向公司投诉后,刘某据理力争,说当天并没有接到电话。为了还自己一个清白，刘某要求调看监控录像，结果发现这一切正是徐敏在从中作梗。

徐敏的行为让领导十分失望，刘某则不依不饶，坚持要求公司严惩徐敏。最终，徐敏被公司予以停职处罚……

案例中的徐敏因为长期业绩领先，渐渐养成了唯我独尊、不能容人的不良心态。而当业绩被新人超越后，她不免产生了巨大的心理落差，也引发了强烈的嫉妒情绪。再加上她没有及时调整心态、疏导情绪，致使嫉妒的火越烧越烈，终于蒙蔽了她的心智，使她做出了极其错误的行为。

嫉妒情绪的危害不可小视，像徐敏这样容易嫉妒他人的人应当尽快找到嫉妒的心理根源，从根本上消除嫉妒心理，避免出现更加严重的后果。

那么，嫉妒情绪到底是如何产生的呢？心理学家研究了大量案例，总结出了以下几种导致嫉妒的原因。

1. "打击式"家庭教育的恶果

一些家庭长期奉行"打击式"的教育理念，父母在孩子成长的过程中很少给予鼓励、表扬，而是经常对孩子进行批评、否定、挑剔，致使他们从内心深处产生了自卑心理，认为自己是"没有价值的""不如他人的"。

然而，人类天生具有维护自身价值感的本能，这会让他们陷入痛苦的心理冲突之中。当他们遇到自信、乐观、拥有高自尊人格的人时，就会不可抑制地产生嫉妒情绪。

2.在比较中发现自己"不如他人"

除了"打击式"家庭教育，喜欢与他人做比较也是嫉妒情绪产生的主要原因之一。在这种比较中，人们发现自己在某些方面不如他人，就会产生较强的挫败感，并会对自己做出负面评价，认为自己"没本事""太差劲"。与此同时，人们的心中也会滋生出嫉妒情绪，会怨恨那些比自己强大的对象。

3.自身优越感遭到破坏

有一部分人因为在过去做出过一定的成绩，或是在某一方面拥有比较杰出的能力，自我感觉良好，觉得谁都比不上自己。此时，如果在他们的视野中突然出现了更加优秀的人，就会让他们大受打击，并会深深地嫉妒那些夺走自己"风头"的对象。

无论是由于哪种原因产生的嫉妒情绪，我们都应当及时进行自我调节，这样才能避免嫉妒失控伤人害己。为此，我们可以从以下几点做起。

1.客观、公正地评价自己

喜欢嫉妒的人往往只关注自己不如他人的地方，而这只会让自己更加痛苦。想要摆脱嫉妒，就要学会客观、公正地评价自己，不但要正视自己身上的不足和缺点，还要看到自己身上的闪光点，从而发掘出个人的价值，并因此变得自信、乐观。

2. 思考他人胜过自己的原因

在嫉妒他人的时候，我们可能只看见了他人取得的成就、获得的进步，却没有想到在这些成就和进步背后，他人付出了怎样的努力。

因此，在嫉妒情绪产生时，我们应当尝试转移思维的焦点，比如可以在脑海中询问自己这样的问题：

"他为什么会如此优秀？"

"他做到了哪些我没有做到的事情？"

"这些事情给他带来了怎样的变化？"

这样的思考能让我们逐渐摆脱嫉妒的迷障，并可以促使我们进行理性的反思，从而找到对自己真正有价值的东西。

3. 将嫉妒转化为前进的动力

在完成了上述的思考过程后，我们能够找到对方"比自己强"的真正原因，接下来我们可以进行信念的改造，将"他凭什么比我强"的信念转换为"他能做到的事情，我也能做到"。

这样的信念转换会让我们失衡的心态获得明显的改善，并会让我们充满对成功的渴望，不会终日陷入负面情绪中。嫉妒也会从一种具有毁灭性的情绪，转变为一种想要完善自我、超越他人

的动力，会推动我们一步一步向前迈进，直到成为一个更加优秀的自己。

厌恶失控：无法掩饰对人对事的嫌恶

厌恶是我们平时不太提起的一种情绪，但它在生活中出现的频率并不低。不妨回忆一下过去的经历，相信你一定能够找出不少让自己感到厌恶的人或事物。

在生活中，有的人特别厌恶某种特殊的味道，一闻到就会感觉反胃、难受；有的人厌恶肮脏的东西，一看见就会避之唯恐不及；还有人会厌恶一些特定的场合，像污水遍地的菜市场、拥挤的公交车等，身处其中会让他们觉得十分痛苦。

那么，你有没有想过厌恶情绪是怎么来的呢？心理学家认为，厌恶来自"习得性"，远古人类通过不断的学习，知道肮脏的、恶臭的东西以及某些动物会引发疾病甚至死亡，所以他们会主动避开这些事物，以提高生存概率。慢慢地，这种自我保护机制就变成了厌恶情绪，人们一看到这些事物就会从内心里感到厌恶，并会尽可能地远离它们。

至于对人的厌恶，其心理机制就要复杂得多，一般包括以下几个方面。

1.对方的特质符合"不良认知原型"

认知心理学中的"原型理论"指出,人在出生后,对于事物的认知就有一定的模式。比如,一想到鸟这种生物,人们心中就会出现具备"有羽毛""有喙""能飞"这几个特点的原型。在被问到"大雁是鸟吗"这样的问题时,因为大雁非常符合"原型",人们会毫不犹豫地给出肯定的回答;可要是被问到"企鹅是鸟吗",因为企鹅不符合"能飞"的特点,有些人在判断时就会出现迟疑。可事实上,企鹅确实属于鸟类。由此可见,人们脑海中的"原型"并不一定是客观的、准确的。

然而,人们却很少会进行这样的自我反省,反而经常凭借"原型"对人或事物做出各种判断。比如,提到"坏人",有的人心中就会出现"长相凶恶""形容猥琐""鬼鬼祟祟"之类的不良认知原型。在社会生活中,如果遇到了符合这种"原型"的人,人们就会马上产生厌恶情绪。虽然有这种特质的人并不一定是真的坏人,但厌恶情绪还是让人们本能地排斥他们,渴望远离他们。

2.刻板印象引发了偏见

在人际交往中,我们会对某一类人产生比较概括的、固定的看法,即认为这一类人都具有某种特征,却忽视了人与人之间存在很多个体差异。

这种情况就是心理学家所说的"刻板印象"。比如,有的人对某些职业有刻板印象，觉得从事该职业的人都很讨厌。

其实这都是刻板印象引发的偏见，并不符合事实。如果因为这种偏见而厌恶他人，就会影响正常的人际交往，所以我们一定要注意避免。

3."投射效应"的影响

心理学上还有一种"投射效应"，是说人们会不知不觉地将自己的特点归到他人身上，从而出现"推己及人"的认知障碍。

比如，人们从自己身上发现了一些不好的特质，为了寻求心理平衡，就会把这种特质投射到别人身上，认为别人也具有这种特质，而且情况比自己还要严重。于是自己就可以心安理得地厌恶这个人，从而减少内心的焦虑和不安。

可以肯定的是，厌恶情绪会带来很多害处。比如，厌恶会让你和他人之间无法建立健康的人际关系；强烈的厌恶还会让你感到非常烦躁，你会觉得看什么都不顺眼，找不到任何有趣的东西，导致生活质量严重下降。

有的人还会出现"厌屋及乌"的情况，即厌恶一个人，便连带着厌恶一切与他有关的事情。比如，有的学生对某个老师产生了厌恶情绪，就会对老师所教的课程丧失兴趣，导致自己此门学科的学习成绩严重下降；有的职员厌恶某个同事，在工作中会尽量避免与其发生接触，还会想尽办法不参与那位同事参加的项目，可想而知这会对个人发展造成什么样的不良影响。

为了避免出现这样的情况，我们应当努力克制或消除自己的厌恶情绪。可以从以下几点做起。

1.改变对他人的评判标准

如果我们特别厌恶某人，就应当反思一下是不是自己的评判标准出现了问题。比如，我们是不是从刻板印象出发来评判别人，或是对人的要求过于苛刻，致使自己只能看到别人的缺点，而看不到别人任何的闪光点。

进行这样的反省，我们才能够学会全面地认识一个人，而不会被心中偏颇的印象所影响，无缘无故地厌恶对方。

2.在内心衡量人与事的重要性

如果你有"厌屋及乌"的坏习惯，就要学会重新衡量事物的重要性，使自己不会做出不够明智的选择。比如，在工作场合厌恶某些人，不想与其合作，我们就要衡量一下工作任务的重要性，要告诉自己完成工作可以获得经验的积累、资历的提升，也有可能升职加薪，更好地实现个人价值。要是单纯地因为厌恶情绪就放弃这一切，实在可惜。

我们不妨多多进行这样的思考，让自己分清轻重缓急，不要因为厌恶而主动放弃成长、进步的机会。同时，我们还要提醒自己把注意力放在更重要的事情上，就不会有时间和精力去厌恶他人了。

3.诚实地面对自己的内心

根据心理学中的投射效应,有些厌恶情绪其实来自自身。所以,我们在厌恶他人时,不妨想一想自己是否也具有这些特质。比如,我们厌恶某个"好吃懒做"的人,就应当思考一下自己是否也有懒惰、贪吃等坏习惯,却不愿意诚实面对,所以才会用厌恶他人的办法来自我防御和逃避。如果有,我们就应当勇敢直面自己的缺点,把讨厌他人变成改进自我。当自己身上的坏习惯逐渐消除后,即使再看到他人身上有同样的问题,我们也不会产生强烈的厌恶情绪,而是能够放下成见,友善地对待对方。

怨恨失控:理智被恨意完全吞噬

怨恨是在生活中遭遇伤害或挫折后产生的一种不平情绪。由于种种原因,人们被迫隐忍怨恨情绪,无法宣泄,导致心中的恨意越来越强,很容易出现怨恨失控的情况。

当怨恨情绪失控时,人们会失去理性,内心会被恨意占据。当恨意指向外部时,人们会在情绪驱使下表现出较强的攻击性,由此会导致人际关系特别是亲密关系变得越来越紧张;而当恨意指向内部时,则会造成严重的自我伤害,人们会沉浸在痛苦、愤怒中难以释怀,这些负面情绪会对神经系统、内分泌系统造成很多消极影响，并有可能引发某些身心疾病。

32岁的辛颖本来有一个幸福的家庭，她和丈夫都拥有稳定的工作，收入不菲，两人关系也很亲密。

可在一个偶然的情况下，辛颖得知丈夫竟然出过一次轨。她怒气冲冲地质问丈夫，丈夫也承认了此事，表示自己非常懊悔，早就和第三者中断了联系，以后肯定不会再犯这样的错误。丈夫跪在地上，苦苦哀求辛颖原谅，态度非常诚恳。辛颖想起了两人在一起的甜蜜时光，一时心软，便原谅了丈夫。

可从那以后，这件事就成了辛颖心中的一个死结，她常常会不由自主地想象丈夫出轨的情景，对丈夫不自爱的行为感到无比怨恨。慢慢地，她开始拒绝与丈夫发生亲密接触，还经常对他发脾气、砸东西，可即便是这样，她也无法摆脱心中强烈的恨意。

更糟糕的是，她变得越来越多疑了，只要看到丈夫和异性对话，她就认为丈夫又有出轨的企图，于是会扑上去又哭又闹，让所有人都觉得十分尴尬和惊诧。

带着怨恨生活的辛颖感到痛苦极了，身体也出现了不适症状，到医院接受检查才知道自己已经患上了乳腺癌……

在这个案例中，犯下错误的明明是丈夫，可妻子辛颖却满怀怨恨无法解脱，由于怨恨情绪频繁失控，她做出了很多过激的行为，不断地伤害着自己和他人，并且患上了严重的身心疾病。

这样的例子在生活中并不少见，它也提醒了我们要正确分析和应对怨恨情绪，不要让自己在恨意的摆布下失去理性。

怨恨是一种非常复杂的情绪，具有突发性、波动性的特点。你可能会像辛颖这样因为别人的错误行为产生强烈的不平衡感，当这种感觉占据你的心智时，怨恨就会突然发作；而当你的注意力集中在更加重要的事情上时，怨恨情绪又会逐渐消失，从而表现出波动起伏的特点。

怨恨的来源主要有以下几种。

1.为避免冲突而刻意隐忍负面情绪

很多时候，我们对他人的所作所为感到不满意，却又不能直白地表达，因为我们很清楚这样做会引发激烈的人际冲突，也会给我们造成很多麻烦。

在"趋利避害"心理的影响下，我们会选择隐忍不发，将负面情绪藏在心中，但这种自我压抑会让不满、愤怒等情绪逐渐升级，直到成为强烈的怨恨情绪，让我们感到非常痛苦。

2.内在需求没能得到满足

在内在需求得不到满足时，我们可能会产生挫败感，认为是自己的"无能"造成了这样的结果，由此会引发对自身的怨恨。

但也有一部分人带有自恋的性格特点，认为自己的内在需求就是理所应当被他人满足的。带着这样的心理与人交往，一旦发现自己的需求没能得到对方敏锐而准确的回应，他们就会自然而然地对对方产生怨恨情绪。

3. 被他人的期望所束缚

有时我们做某些事情并不是出于自己真正的意愿，而是为了满足他人的期望。比如，一位大学毕业生接受了父母的安排，做了一份稳定而体面的工作，可事实上，他对这份工作没有任何兴趣，只是不想辜负父母的好意，才强迫自己做出了牺牲。

但这种自我牺牲常会让人们的日常生活偏离自己希望的轨道，会让人感觉不安、痛苦；特别是在遇到失败和挫折时，人们很容易进行错误的归因，将一切问题都归咎于他人，并由此产生怨恨情绪，久久无法释怀。

了解了怨恨的来源后，我们该如何正确地面对怨恨，避免怨恨情绪失控呢？

对此，心理学家的建议是不要强迫自己"不怨恨"。因为在短时间内我们或许能够压制住负面情绪，但随着时间的推移，怨恨迟早都会失控、爆发，到时只会出现更加严重的后果。

不仅如此，周期性的怨恨失控可能会给他人留下情绪反复无常的坏印象，而且他人会逐渐习惯这种频繁的爆发，却无法感受到我们掩藏在怨恨之后的内在需求。这会让我们有一种被忽视的感觉，怨恨失控的情况会愈演愈烈。

因此，我们应当正视怨恨，不要逃避它、压抑它，也不要因为太多的顾虑而不敢表达自己的感受。

心理学家鼓励我们勇敢地将自己的想法讲出来，这样他人才能知道我们的需求，重视我们的感受。为此，我们可以与值得信任的朋友进行沟通，请他们帮忙分析自己遇到的问题；也可以请专业的心理咨询师给出建议，他们会帮助我们发现一些容易被忽视的潜在信息。

当然，我们也可以与怨恨对象进行理性沟通，以便找到怨恨真正的症结所在，并能够商议出妥善的解决办法，这样才能让自己重新回到正常的生活轨道，不会动不动就因为怨恨失控而陷入伤人伤己的境地。

懊悔失控：走不出的"虚拟事实思维"

没有人能够一帆风顺地过完一生。在工作、生活、学习、交友、婚恋中，人们常常会遇到不如意的情况，此时很多人就会为自己过去的一些错误选择而懊悔。

偶尔的懊悔不会影响正常的生活，人们可能只是感慨、叹息一番就将注意力转移到眼前要面对的现实问题上。可要是懊悔情绪走向失控，就会成为一种严重的精神折磨，它会让人陷入持续的内疚和自我憎恨情绪中，并会因此情绪低落，精神不振，失去生活的兴趣。

宋伟在某重点大学就读英语专业，选择这个专业并非出于他的本愿，而是因为自己高考分数较低，才接受了学校的调剂，其实他心中最理想的专业是工商管理。

因为对英语专业不感兴趣，他在学习时总觉得提不起劲。后来在导师的帮助下，他通过了专业考核，成功转到了工商管理系。

他本以为自己能够开启一段全新的校园生活，谁知一切都和他的设想相距甚远。因为转专业，他落下了不少课程，在学习新课时感到非常吃力，课后不得不花费更多的时间进行弥补。

不仅如此，他在入校后刚刚建立起来的人际关系也因为转专业受到了影响：他不能和关系亲近的同学一起上课，却要和全然陌生的同学、老师打交道。

不知不觉，宋伟竟开始为转专业的决定感到懊悔，有时他会这样问自己："我是不是太冲动了？如果坚持学英语专业，我会不会比现在轻松很多？"

没过多久，他又听说英语专业的一位学长被某一线城市的一所知名中学以高薪聘用，待遇十分优厚，甚至超过了一般公司的中层管理人员。

这个消息让他更加懊悔，他不断地想："我真不该转专业，如果坚持读英语专业，说不定毕业时能获得更多的就业机会。"

带着这样的想法，他再也无心学习新的专业课，每次一打开书本，那个想法就会不由自主地冒出来："我要是没转专业会怎么样？"

他越想越难过，越想越内疚，有时还会责备自己"什么都做不好""什么机会都抓不住"。

在这种糟糕的心理状态下，他吃不好饭、睡不好觉，感觉痛苦极了。他也想改变这种状况，不再懊悔，却怎么都控制不住自己的情绪……

案例中的宋伟对于自己过去的选择非常懊悔，这种懊悔情绪过于强烈，已经达到了失控程度，再不调整，可能会引发严重的后果。

在生活中，与他一样陷入懊悔中的人并不在少数。心理学家发现，与做过的事情相比，人们更常为那些自己没做过的事情感到懊悔。一些心理学家研究发现，人们的注意力往往集中于"我没有做什么"，如工作不如意的人会后悔上大学时没有认真对待自己的学业，失去亲人的人会后悔在亲人去世前没有好好珍惜和他相处的时光……

至于懊悔情绪产生的原因，则与"虚拟事实思维"有关：在遇到不如意的情况时，人们不会孤立地评价现实情况，而是把它与"可能""应该"发生的虚拟的完美情况做比较，同时还会想象自己如果回到过去，做出不同的选择，就能够改变不理想的现状，获得更多的收益。这种想象很容易让自己产生强烈的落差感，并会导致心理失衡，懊悔情绪也会由此产生。

但事实上，另一种结果真的存在吗？人们很少会去思考这个问题。为此，心理学家提醒人们，一个人的决策可能并不像自己想象的那么自由，往往要经过一整套的价值排序、风险规避机制才能形成最后的决定。

对很多人来说，即便真的能让时光倒流，回到那个至关重要的时刻，在当时当地的条件制约下，他们最终还是会做出同样的选择。

由此可见，执着于已经发生过的事情，为错误的选择懊悔不已，其实是没有意义的。那么，在深受懊悔情绪折磨时，我们应当如何进行自我调节呢？

1. 学会为自己的选择负责

容易为过去的选择懊悔的人，需要加强理性思考，要让自己摆脱不切实际的虚拟事实思维，使自己能够认识到所谓的完美状态只是一厢情愿的想象，并不代表会真的出现。

至于现在的实际情况虽不尽如人意，但也是自己的决策和行为所致，所以自己应当接纳这样的结果，并为其负责，而不应以懊悔为借口来逃避责任。

2. 将懊悔转化为反思

事情已经发生，懊悔于事无补，还会扰乱心境，所以我们不妨换一种做法。在感到懊悔时，转而反思自己到底在哪里出了错：是信息收集不足，还是思考的时间不够，或是没能全面分析自己的处境……

进行这样的反思，可以将懊悔转变为一种积极的心理动能，帮助自己在未来更加自如地处理类似的情况。

3.学会自我同情

在积极反思的同时，我们还可以适当调低对自己的期望，并在懊悔情绪出现时进行自我同情和原谅。比如，我们可以这样对自己说："我不是完人，不可能将每件事都处理得完美。""做错事情很正常，我应当允许自己有失误。"

这样，在遇到不如意的情况时，我们就不会下意识地责备自己，或是用懊悔来惩罚自己，也不会让自己的人生因为懊悔而变得晦暗无光。

悲伤失控：无法承受的心灵伤痛

在生活中，我们会经历一些无法避免的伤痛，比如遭到突如其来的不幸打击，或是与自己在乎的人分离，或是丧失了某些心爱之物，此时我们的心中会产生悲伤情绪。

悲伤的强烈程度和持续时间取决于我们失去事物的重要性和价值的大小。倘若失去的是不太重要的事物或人，悲伤体验可能会很轻微，持续时间也很短暂；但若是失去了非常重要的事物或人，悲伤体验就会变得强烈而持久，有时还会出现悲伤失控的情况，对身心造成严重的不良影响。

　　29岁的李雯与男友贾涛相恋多年，感情一直很好，只是因为双方都处于事业的上升期，迟迟未能走入婚姻的殿堂。

　　随着两人的事业趋于稳定，李雯也终于接受了贾涛的求婚。婚礼定在了情人节，两人为此做了充分的准备，邀请亲友，打算举行一场浪漫的典礼，让自己永远铭记这个富有纪念意义的日子。

　　然而，就在李雯满怀期待地迎接婚礼时，噩耗突然传来——贾涛在上班途中遭遇车祸，伤势十分严重，医生虽尽力抢救，也没能挽回他的生命。

　　贾涛的去世让他的家人、朋友十分悲伤，而最伤心、痛苦的还是李雯。在那段日子里，她将自己关在房间里，几乎不怎么出门。

　　父母非常担心，想要和她好好谈谈，为她开解一番，她却总是采取回避的态度，不说话、不回应，让父母无可奈何。

　　最让父母无法理解的是，在贾涛离去后，李雯竟然没有哭过一声，可她整个人看上去浑浑噩噩的，就像是一个失去了灵魂的玩偶。

　　这天，父母忽然发现她脸色苍白、呼吸急促，还用双手捂着胸口，便问她是不是生病了，她终于开口说自己这几天总觉得胸口痛，喘不上气。

父母不敢大意，忙带她去医院接受诊治。经检查，医生发现她的左心室心尖出现了轻微的球形扩张（心尖球形改变），因而引起了不适症状，而这些症状与她这一段时间的情绪状态有很大的关系。

悲伤失控竟会引发心脏不适？这并非天方夜谭。事实上，医学家早已发现了大量相关病例，并将这种因过度悲伤引发的胸痛、憋气等一系列症状称为"心碎综合征"。

美国的心脏病领域的专家亨特·钱皮恩认为，过度悲伤会带来强烈的情绪压力，使得身体释放出大量肾上腺素及其他化学物质，这些物质可影响心肌的正常活动，还会促使毛细血管过度收缩，使心脏跳动能力减弱，因而会引发类似心脏病发作的症状。

不过心碎综合征与心脏病是不同的，心脏病是由心脏结构受损或功能异常引起的，病情不易好转；而心碎综合征患者在接受吸氧、保护心肌等对症治疗及适当的心理疏导后，症状就会出现明显的缓解。

尽管如此，我们仍然不能对悲伤情绪掉以轻心，倘若任其发展，让自己长时间沉溺于悲伤的情绪之中，不仅会影响心理状态，引发抑郁，还会削弱免疫功能，引发多种疾病，严重时甚至会导致猝死。

因此，在感到悲伤时，我们一定要学会及时地宣泄，切勿像案例中的李雯这样，将悲伤闷在心里。

当然，悲伤的宣泄和排解是很不容易的，我们可以根据自己的实际情况，选择合适的方法进行调节。

1.尝试接受事实

当悲伤袭来时，大多数人首先会本能地选择拒绝接受事实。比如，他们会告诉自己："什么都没有发生，一切都和从前一样。"然而他们越是逃避、否认事实，就越是不能让自己从伤痛中解脱。

因此，我们应当尽早接受客观的现实，对自己说："是的，这一切已经发生，但生活仍然要继续。"接受事实虽然会让自己感到难过、沮丧、愤怒，却能让悲伤自然消解，也能够避免负面情绪持续积累。

2.通过适度的哭泣宣泄悲伤

哭泣是一种很好的宣泄悲伤的办法，它能让我们从情绪压力中解脱出来。心理学家通过研究发现，人们在哭泣后情绪强度至少会降低40%。所以在痛哭之后，我们常会有身心放松的感觉，情绪也会慢慢恢复平静。

因此，心理学家建议我们在想哭的时候就要哭出来，不可强行隐忍。否则，心中的悲伤会越积越重，精神负担也会越来越大。

当然，这并不是说哭泣的时间越长越好。如果不断号啕大哭，会导致呼吸受阻，严重时可引发心律失常。另外，过度流泪还会导致眼球肌肉疲劳、睫状肌收缩频繁，造成视力模糊；而且流泪时人们往往会用手、纸巾不时擦揉眼睛，也容易损伤角膜，从而引发角膜溃疡，更可能导致眼睛肿痛、视力受损。因此，用哭泣排解悲伤时应掌握好度，尽量不要超过15分钟，自我感觉悲伤的情绪得到了排解时，就应当及时停止哭泣。

3.向他人倾诉悲伤

在感到极度悲伤时，我们千万不要自我封闭，可以选择向他人倾诉，借由他人的安慰、开解，让沉重的心灵得到少许慰藉。

不过倾诉对象是不能随意选择的，我们应当寻找与自己关系亲密、头脑冷静、富有同情心的亲人、密友倾诉悲伤，也可以直接寻找专业的咨询师、心理医生，这样才能有助于悲伤的缓解。

4.适当转移注意力

我们还可以做一些自己平时非常喜欢的或是感兴趣的事情，以此来转移注意力，使自己暂时摆脱悲伤情绪的包围。

比如，平时喜欢看电影、看电视剧、听音乐、阅读小说、写毛笔字、外出旅游、从事园艺或编织的人，此时就可以多做这类事情，让自己悲痛的心灵有所寄托。

此外，我们还可以适当进行有氧运动，在运动后人体会分泌内啡肽，可产生欣快感，会让自己的心情变得轻松一些。

需要提醒的是，悲伤的缓解需要一定的时间，特别是一些本身情感丰富、多愁善感的人更是很难走出悲伤。对此我们也应正确看待，不必强迫自己在短时间内调整好状态，而是要给自己足够的时间"消化"情绪，使悲伤能够自然消散。

绝望失控：找不到任何生命的亮色

在经历过一次又一次的失败、挫折之后，人们很容易对未来丧失信心，并会产生强烈的绝望情绪。

在内心被绝望占满时，人们不会再努力尝试解决问题，而是会用消极的态度逃避问题，因为人们觉得自己无论做什么都无法改变现状，也无法实现个人的目标。这种绝望失控状态会让人们逐渐走向抑郁，找不到任何生命的亮色。

17岁的欣怡刚上高中二年级，家人对她的期望很高，希望她能够考上一所不错的大学。欣怡在学习上也很努力，每天都会花大量时间做练习题。

然而欣怡的成绩却一直没有太大的起色，连续几次考试排名都在原地踏步，期中考试甚至从十几名下滑到了二十名。

一连串的失败让她深受打击，家人也对她非常失望，还责怪她不够努力。

"努力有什么用？我的水平就是这样了，再努力也不会有什么进步。"她自暴自弃地想着。

从那以后，她仿佛变了一个人似的，再也没有以前那么高的学习积极性了，整个人显得很低落，没有一点精神。家人试着对她进行鼓励和开导，但效果并不理想。

她的精神状态变得越来越糟糕，有时会静静地对着墙壁发呆，有时又会伤心地痛哭起来，让家人十分担心……

在考试这件事上，欣怡付出了不少努力，却没能得到预想中的结果。反复的失败让她变得自暴自弃，消极沉闷，此后在面对考试时产生无能为力的感觉，这种情况在心理学上被称为"习得性无助"，而这正是其绝望情绪产生的主要原因。

不过，由于每个人的抗挫折能力不同，因而绝望情绪的程度也各有差异。比如，有的人意志力薄弱、抗压能力较差，很容易被挫折打败，接着就会给自己打上"无能为力"的标签，认为自己不具备解决问题的能力，并会对未来感到悲观绝望，严重时可能会像案例中的欣怡这样出现抑郁倾向。

那么，我们应当如何让自己走出习得性无助的陷阱，摆脱绝望情绪的困扰呢？

1.学会正确地归因

在遇到挫折、失败后，我们可能会陷入深深的自责中，会将失败的原因全部归结到自己身上，如认为自己能力不足、智商不高，又没有一定的天赋，才会导致这样的失败。

这种归因方式显然是片面的。事实上，一件事无法取得成功，与内因和外因都有关系，一味归咎于自身，忽视各种外部因素，会让我们找不到解决问题的关键思路。因此，我们一定要让自己冷静下来，对问题进行客观、全面、综合的分析，找到失败的真正原因，再尝试去解决它，这样才不会陷入绝望中一筹莫展。

2.用微小的成就感鼓励自己

在为一个目标努力时，如果长时间都看不到任何成果，人们很难不会感到沮丧、绝望。为了避免这种情况，我们就应当主动寻找哪怕最微小的进步，让自己能够感觉到有所突破，这样才能对自己产生信心，进而会有足够的动力去争取更大的成功。

就像案例中的欣怡，她只看到自己的分数一直没有提升，因而感到十分绝望。其实她可以换个角度分析自己的进步，比如又学到了哪些知识，掌握了哪些解题方法，哪怕只是一点点不起眼的收获，也能对自己产生一定的激励作用。

3.打破潜意识中的"消极定式思维"

我们还要试着去干预自己潜意识中的固有思维，如"我永远是个失败者""我无论怎样努力也无济于事"等，这些消极定式思维只会助长内心的绝望情绪和无助心态。

我们应当积极地和潜意识中的消极定式思维进行辩论，如对自己说"我不相信我永远不会成功""我得去尝试，不去做又怎能知道结果如何"等。像这样不断地与消极定式思维做斗争，代之以积极、乐观的思维，才有可能逐渐摆脱绝望情绪，找到战胜挫折、解决难题的决心和勇气。

小测试：你是容易情绪失控的人吗

以下这些与控制自我情绪有关的说法，你觉得哪些符合自己目前的情况？请根据实际情况做出选择。

1.遇到令人难堪的事情，你会有什么样的感受？

A.心里感到很难受，并且会维持很长一段时间

B.会感到难受，但不会持续很长时间

C.会进行自我调节，让自己尽快摆脱"难受"

2.遇到一次难堪的经历，对你的影响一般要持续多长时间？

A.半年以上　　　　B.3个月到半年　　　C.3个月以下

3.身边人生气的时候你会生气吗？

A.经常会生气　　　B.有时会生气　　　　C.几乎不会生气

4.参加考试、测试、考核，不幸失败了，你会有什么样的反应？

A.十分消沉，自我埋怨

B.会感到不开心

C.会静下心来分析失败的原因,以求下次成功

5.与身边的人相比,你的情绪状态如何?

　A.忧郁苦闷的　　　B.跟别人差不多　　　C.轻松愉快的

6.对自己过去所做的事,你的评价是?

　A.一无是处

　B.马马虎虎

　C.有成功也有失意,但自己都能坦然接受

7.心里感觉不舒服时,你一般会采取什么样的处理方式?

　A.强迫自己忍受

　B.不知道该怎么做

　C.找朋友倾诉或采取其他合理方式宣泄

8.你容易感到紧张吗?

　A.经常如此　　　B.有时如此　　　C.偶尔如此

9.在别人眼中,你是一个容易紧张的人吗?

　A.确实如此　　　B.我不清楚　　　C.不是这样

10.你会无缘无故感觉心里难受吗?

　A.经常如此　　　B.有时如此　　　C.偶尔如此

11.你是否常常为自己做过的事、说过的话感到懊悔?

　A.经常如此　　　B.有时如此　　　C.偶尔如此

12.你容易变得激动吗?

　A.经常如此　　　B.有时如此　　　C.偶尔如此

13.你容易对人或事物产生厌倦感吗?

A.经常如此　　　B.有时如此　　　C.偶尔如此

14.面临重大的人生抉择时,你一般会如何处理?

A.紧张得不知该怎么办

B.自作主张

C.广泛采纳意见,慎重做出选择

15.同事间发生了争执,你会如何处理?

A.帮自己有好感的一方说话

B.任其发展

C.从理性的角度予以劝解

16.上级给予你不公正的评价时,你会怎么做?

A.当众反驳或争吵

B.尽量隐忍,但心里很不舒服

C.不当面反驳,待事后再和上司理性探讨

17.如果你身边有做事认真但动作很慢的同事,你会有什么感受?

A.很不耐烦,甚至会厌恶对方

B.有点不耐烦

C.试着理解对方的难处

18.心情好坏对你从事工作或学习有影响吗?

A.影响很大　　　B.有一些影响　　　C.没什么影响

19.别人发表不同观点时,你一般会怎么做?

A.立刻反驳

B.不予理睬

C.耐心听其说完再发表意见

20.你会反思自己的情绪表现吗？

A.极少如此　　　B.有时如此　　　C.经常如此

评分标准：

以上各种说法选A得1分，选B得2分，选C得3分。

请将得分加总后进行判断。

1.总分在29分以下：情绪自控能力较差，无法有效摆脱焦虑、沮丧、激动、愤怒、懊悔、绝望等因为失败或不顺利而产生的负面情绪，甚至会在情绪的摆布下做出不理智的行为。

2.总分29~40分：情绪自控能力一般，虽然能够对情绪状态进行自我觉察，但尚未找到管理和控制情绪的良好办法，平时工作或学习也会受到负面情绪的干扰。

3.总分40分以上：情绪自控能力较好，能够从挫折、失败中迅速调整，可以较快地摆脱负面情绪，因而能够更加理性地处理事务，在他人眼中的印象是比较冷静、成熟的。

第四章

找出失控原因：
是什么在左右你的情绪

人格特质：情绪化性格的人更容易失控

情绪人人都有，但控制情绪的能力却各不相同。在生活中，有一部分人就特别容易情绪化，他们更容易产生情绪波动，喜怒哀乐的情绪经常会在不经意间频繁切换，有时还会在情绪的影响下做出失去理智的行为。

31岁的沈依依最近结束了3年的婚姻，原因是丈夫实在忍受不了她喜怒无常的性格。

3年来，沈依依几乎每天都会因为一些小事发脾气，有时前一分钟她还是兴高采烈、喜笑颜开的，后一分钟就会因为一句话或一件小事生闷气、摔东西，让丈夫十分烦恼。

有一年的结婚纪念日，夫妻俩高高兴兴去外地旅游，上飞机后，丈夫让她挨着窗户坐，这样可以看看外面的风景，可她却不高兴了。从飞机起飞到降落，她一直绷着脸，一句话都不和丈夫说。后来等她情绪好转，丈夫试探着问她原因，她才说是因为丈夫不尊重自己，没有先问问自己的意见就安排座位。丈夫听完后，只觉得哭笑不得。

像这样的事情几乎每天都在发生，比如在餐馆点菜时，丈夫点了她不喜欢吃的菜，她就当着服务员的面发脾气，还把菜单重重地摔在地上，让丈夫十分尴尬。

还有一次，她过生日时，丈夫用刚发的工资给她买了一个价值4000元的高级女包，本以为她会感到惊喜，哪知道她却大发雷霆，说丈夫不和自己商量就"乱花钱"。

丈夫对她失望极了，不再理睬她，可才过了一天，她又主动找丈夫说话，还笑盈盈地说要给丈夫做顿大餐，问丈夫晚上想吃点什么。

类似的情况太多了，丈夫的耐心渐渐消磨殆尽，对她也没有刚结婚时那么体贴了，这让她气恼不已，夫妻之间发生矛盾的频率越来越高。

最终，忍无可忍的丈夫提出了离婚，沈依依有些后悔，试着挽留丈夫，但他态度十分坚决。沈依依十分无奈，只好在离婚协议书上签了字……

案例中的沈依依就是一个严重情绪化的人，她渴望他人的尊重，表现出了争强好胜的性格；她敏感多疑，对一些无关痛痒的细节过度在意，并会被这些细节影响情绪；她遇事急躁，自我认知和鉴别能力又存在欠缺，往往只看到事情的表面就妄下结论，表现得冲动易怒、很不冷静；她也不善于觉察和控制自己的情绪，使得自己的情绪状态很不稳定。

情绪化无论是对自己还是对他人都有很多危害。对自己来说，

2.构建控制情绪的习惯回路

为了改变根深蒂固的情绪化问题,我们还需要构建习惯回路,这样在面对某类情境时,大脑甚至无需思考,就会下意识地做出正确的反应。

一个完整的习惯回路通常由三部分组成,即暗示(触发物)、惯常行为和奖赏。我们在进行自我调整时,可以采用如下的办法。

首先,找到触发物,即那些容易让自己情绪失控的情境、话语、人或事物等。

其次,确定惯常行为,可以是一些简单易行的做法,如暂时离开让自己情绪失控的人或场合,通过默念"我不生气"等方法让自己逐渐平静下来。

最后,给自己奖励。如果自己控制住了情绪,避免了情绪化问题,可以给予自己物质或精神上的奖励,比如对自己说一些鼓励的话语,或是奖励自己一个期盼已久的小礼物等。

3.找到更好的解决办法

在构建习惯回路的同时,容易情绪化的人还可以经常进行分步骤反思。

(1)今天我因为什么事情情绪失控?(找到让自己情绪失控的诱因。)

(2)我的情绪失控造成了什么样的后果?(让自己认识到后

情绪不稳定、起伏大，会影响心率、血压、呼吸以及内分泌系统、消化系统，可引发多种身心疾病；不仅如此，总是处于情绪波动状态，自身思考能力、判断能力、分析能力都会受到影响，难以提升工作、学习的效率。

对他人来说，与情绪化的人相处，无疑会产生巨大的心理压力。沈依依的丈夫就感觉自己每天的心情都像坐过山车一般忽上忽下，他需要时时刻刻关注妻子的情绪变化，总觉得妻子在下一秒又会突然情绪失控，这让他感觉十分痛苦、压抑，选择离婚也是一种自救行为。

由此可见，情绪化问题不可小视，为了避免继续伤害他人、伤害自己，我们应当从以下几方面做好自我调整。

1.承认自己的弱点

容易情绪化的人往往不能够正视自己的弱点，倘若有人向他们指出问题，他们不会及时地进行自我反省，反而会认为这是他人对自己的挑剔或攻击，并会产生愤怒、怨恨情绪，加剧情绪不稳定的问题。

因此，容易情绪化的人首先要做的是认识到自己的性格缺陷，不要对此回避或视而不见。就像案例中的沈依依，她遇事容易急躁，常常不分青红皂白就大发雷霆、情绪失控，因此需要先承认自己的情绪化问题，然后仔细分析自己急躁、易怒的原因，进而才能找到克服问题的办法。

果,激发改变的强烈意愿。)

(3)比起发脾气,有没有更好的办法解决这个问题?(让自己从感情用事转向理性思考。)

(4)这些方法中哪一种的效果最好?(找出最佳解决方案,促使自己去行动,从而能够转移注意力,暂时摆脱情绪对自己的控制。)

上述这些自我调整方法,能够让自己逐渐改变不假思索发泄情绪的坏习惯,代之以"控制情绪—冷静思考—积极行动"的新模式,即使不能彻底消除情绪化问题,也能让激动的情绪恢复到我们可以驾驭的层次。

环境因素:别小看环境对情绪的影响

在情绪产生的过程中,环境也起到或积极或消极的作用。环境中的各种刺激因素,会通过眼睛、鼻子、耳朵、舌头、皮肤等感受器向大脑不断输入外界信息,经过大脑皮层的回忆、评估和整合,便会产生某种情绪体验。

所以在研究情绪失控的原因时,我们不能忽略了环境因素对人的心理活动和情绪的影响。

在下面的这个案例中,糟糕的环境就对一位司机的情绪造成了不良影响,使他做出了冲动的行为。

小唐本是一个性格温和的人,无论是在工作单位,还是在家里,他都表现得随和可亲。可是每当开着私家车行驶在马路上时,他就会变得暴躁、易怒,宛如换了一个人似的。

这天,小唐开车从单位出发,准备到机场接一位领导。刚上路时,周围车辆不多,道路通畅,小唐的心情也很轻松、愉快。

谁知才过了几个路口,前方就出现了交通事故。由于两位车主互不相让、争吵不休,导致道路交通严重堵塞,小唐也被堵在其中。

眼看着身后的车辆越来越多,前方的车流又一动不动,小唐的心情变得非常烦躁。偏偏此时一些司机也失去了耐心,频频按响喇叭,发出刺耳的噪声,让小唐更是觉得烦闷、焦虑。

此时,他后方一辆车的车主把头伸出车窗,冲着前面大喊:"怎么回事?到底走不走啊……"

其实那位车主并不是在针对小唐,可小唐却怒从心中起,他打开车门,跳下车去,怒气冲冲地对着后面嚷道:"喊什么喊?有种你飞过去啊……"

可想而知,小唐的这句话会引发什么样的后果。几分钟后,小唐已经和那位车主厮打在了一起。当交警赶来时,双方都受了些轻伤。

事后,小唐不但被处以罚款,还耽误了工作上的正事,遭到了领导的批评。等小唐的情绪恢复平和后,回顾整件事情,他只觉得懊悔不已。

本身性格随和的小唐却在堵车时情绪失控，与人发生争斗，并造成了比较严重的后果，这种情况在生活中并不少见，通常被称为"路怒症"，指的就是司机在开车的过程中大脑被愤怒情绪控制，做出了各种不理智的行为。

根据心理学家的研究，路怒症与环境因素有很大的关系。比如，路况较差、行驶艰难或是遇到严重堵车、红灯等待时间过长、噪声过大、气温过高等，都容易诱发司机的焦虑、烦躁、愤怒情绪，也很容易引发矛盾和纠纷。

我们可以发现，环境反馈给视觉、听觉、嗅觉、触觉、动觉的信息，以及当时的温度、湿度、气流和现场氛围等一系列信号，都会让一个人的情绪发生相应的变化。

美国密歇根大学的心理学家斯蒂芬·开普勒就做过相关实验：他安排两组实验对象在完全不同的环境中工作，第一组的办公地点是一幢湖畔别墅，打开窗户就能看见湖光山色，听见悦耳的鸟鸣和淙淙流水声，让人感觉十分惬意；第二组的办公地点是在喧闹的停车场中，车辆不断驶进驶出，车上的人开关车门，发出各种噪声……经过一段时间后，斯蒂芬对比了两组对象的工作情况，发现第一组的情绪状态明显更好，工作效率也更高。

的确，长时间处于嘈杂喧嚣的环境中，频繁受到打扰，人们的情绪会大受影响，更容易出现烦躁情绪，脾气也会变得比较暴躁，可能会因为小事而情绪失控。

另外，心理学家还发现了天气对情绪的影响。在良好、舒适的天气条件下，人们会觉得情绪高涨、心情舒畅；相反，在高温、阴雨、潮湿的天气或异常天气下，人们会觉得情绪低落、很不舒服。

由此可见，要想保持良好的情绪状态，我们可以尝试从环境因素着手进行自我调整。

在感觉情绪即将失控时，可以采用自我暗示的方法，告诉自己不要受到恶劣环境的影响，同时可以在脑海中不断回想美好的画面，以便让自己镇定下来。

我们还可以采用转移注意力的办法来调节情绪，比如可以听一听节奏舒缓、曲调悠扬的音乐，或是与身边人聊天说笑，让自己不再过度关注眼前的糟糕环境，也能让紧张、烦躁的情绪得到一定缓解。

在情绪备受压抑时，可以暂时离开让自己感觉不开心的环境，到风景优美的公园、郊区散散心，或是做一些活动身体的简单动作，在放松身体的同时放松紧张的情绪。

此外，对于居住和工作的环境我们也可以巧妙布置一番，比如可以采用色彩素雅的墙纸、配色和谐的家具和饰物，还可以适当调亮光线，再调节好室内的温度、湿度，这些都会让我们产生轻松、愉快的情绪。

相反，若是环境阴暗、潮湿、肮脏或是堆满了杂物，则会让我们觉得格外压抑、难受。所以当你心中苦闷难熬时，不妨动手清理一下周围的环境，并可以做做断舍离的工作，丢弃一些不需要的杂物。随着环境恢复整洁、舒适，我们或许会发现自己的心情也有明显的改善。

压力因素：无法释放的压力迟早会让你崩溃

身处现代社会中，工作、生活节奏越来越快，身心也不可避免地要承受各种各样的压力。

伴随压力而来的，是随时都可能爆发的负面情绪：你会发现自己常常因为他人的一句话、一个动作就暴跳如雷，也会因为一点小事就难过得泪如雨下或是抑郁难舒。

26岁的沈悦刚刚找到了一份新工作——在一家物流公司的分拨中心担任人事专员，主要负责员工招聘工作。

这份工作看似技术含量不高，但实际工作压力却不小，因为沈悦要与一线操作工直接接洽，而他们流动性较大，一旦对待遇和工作条件不满意，就会选择离职，导致沈悦总是完不成公司规定的任务量。

沈悦没有办法，只好每天不断地给求职者打电话，邀请他们前来面试，却很少能够找到符合公司要求又对待遇比较满意的人才。

时间一天天过去，沈悦只觉得压力越来越大，情绪也特别糟糕，几乎没有什么开心的时候。领导对她的工作也很不满意，有一天早上还当着众人的面批评了她几句，沈悦的心情本来就很差，又遭到这样的打击，只觉得又羞又气，当场号啕大哭起来，让领导和同事都觉得十分震惊。

现代都市中，很多人都经历过这样的崩溃时刻，当工作压力、家庭压力、学习压力、生活压力超出自己心灵的负荷能力时，人们难免会像沈悦这样控制不住情绪，当众失态。

那么，压力为什么会对情绪造成如此严重的影响呢？

这就要从压力产生的根源说起了。脑科学家通过大量研究发现，压力来源于大脑中的警报系统，这是人类千万年来进化的结果。

在生存条件极其恶劣的原始社会，警报系统可以保证人脑处于警戒状态，在面对危险时能够快速做出应激反应，使身体进入准备战斗或立即逃跑的模式，从而能够争取到生存的机会。

随着人类社会的不断进步，现代人的生存条件已经发生了翻天覆地的变化，但我们的应激反应方式却没有改变，特别是在压力状态下，警报系统会处于过度活跃状态，可能对各种应激源做出过激的反应，使人出现暴怒、痛哭之类的情绪失控反应，这些反应往往是突如其来的，与应激源的刺激程度并不匹配。

因此，如果发现自己越来越容易崩溃，我们应当及时采取措施舒缓压力、降低警报系统的敏感度，从而改善和控制情绪。

1. 建立正确的价值观

很多受困于压力的人在自我价值定位方面往往存在着不同程度的偏差，比如，他们不认可自身价值，只能看到自己的缺点和不足；与此同时，他们在工作、学习中对自己要求过高，无形中会给自己造成过多的压力。

所以，在觉得压力巨大、情绪糟糕时，我们应当先对自己进行重新定位，要合理评估自己的能力，调整自己的目标，多进行现实性的选择，不要对自己过分苛求，从而改善自己对压力的应对能力和对情绪的控制能力。

2. 合理看待挫折和失败

日常生活中总是难以避免遭受挫折和失败，此时我们不应急于进行自我批判，说一些"我什么都做不好""我真的很差劲"之类的消极话语，因为这会让情绪变得十分低落、沮丧，也会让心理压力不断加大，引发或加重情绪问题。

为了避免情绪失控，我们应当鼓起勇气正视困难和挫折，要告诉自己"没有人会一帆风顺，同样的经历别人也会遇到"，这样我们就不会觉得自己是孤独无依的，心头的压力也会有所减轻。

3. 安排好自己的工作和生活

如果我们没有掌控好工作和生活的界限，让工作无限"入侵"

个人生活，就会让身心缺乏缓冲的机会，压力也会持续增加。

因此，我们应当学会合理安排工作和生活的时间。在工作时间，保持专注，以提升工作效率；同时我们可以对工作进行优先级排序，确保在工作时间内完成最紧急且最重要的事情，其他不紧急、不重要的事务来不及完成也不会造成损失。

到了生活时间，我们就要尽量将工作放在一旁，不要带着没做完的工作回家，也不要在休息日回复工作邮件。

"工作是工作，生活是生活"，做到这一点，会让我们积累的压力逐渐减轻，心中紧张、焦虑、烦躁的情绪也会得到缓解，大脑中的警报系统将会处于松弛状态，不易引发情绪失控的问题。

不良生活习惯：这些习惯是引发失控的罪魁祸首

也许你没有意识到，生活中一些不起眼的小习惯会在不知不觉中影响你的心情，让你的心灵逐渐被负面情绪占据。严重的时候，不良生活习惯甚至会让你情绪失控、濒临崩溃。

26岁的马红丽是一名公司职员，她热衷于追逐新鲜事物，每天工作之余，最喜欢捧着手机搜集潮流讯息或是观看一些新鲜有趣的短视频。

由于过于投入玩手机，她有时竟会忽略自己手头的工作。

领导交代她一项任务，需要搜集资料、汇总数据，可她为了挤出时间玩手机，竟随便从网上找了些过时的数据敷衍了事。领导发现后，将她批评了一顿，她却没有吸取教训，仍然沉迷于玩手机。

晚上下班回家后，马红丽更是找到了玩手机的好机会。她会一直玩到凌晨一两点才上床睡觉，上床后又会因为过于兴奋久久无法入睡。第二天早上被闹钟叫醒后，她只觉得头晕眼花、浑身难受，上班时也无精打采……

时间长了，马红丽感觉身体、精神都越来越差，而且她的情绪很不稳定，总是会没来由地烦躁、生气。

更糟糕的是，她发现自己越来越离不开手机了，如果出门忘记带上手机，她就会觉得心烦意乱，没办法专心做其他事情；有时候带着手机去一些信号不好或没有网络的地方，听不到手机提示音，刷不出网页，她就会坐立不安，甚至会因为一点小事大发脾气。

马红丽的情绪问题与她爱玩手机的坏习惯有很大的关系。手机过多地占用了她的注意力，使她无法集中精神处理好工作、生活中的事情，一旦无法使用手机，她心中就会感到失落、焦虑。另外，她还会占用睡眠时间玩手机，打乱了正常的作息规律，导致睡眠严重不足，大脑的运作也受到了影响，出现了思维迟缓、情绪不佳、容易失控等多种问题，这也是她变得冲动、易怒的原因所在。

在生活中，像马红丽这样因不良的生活习惯引发情绪失控的人并不在少数。那么，有哪些坏习惯不利于我们保持情绪稳定呢？

1. 长期睡眠不足

睡眠质量会影响我们的情绪状态。英国伦敦大学的心理学教授爱丽丝·格雷戈里发现，睡眠不好会导致情绪低落。但若是注意改善睡眠，则可以减轻甚至避免产生抑郁情绪。

美国佛罗里达大学的学者发现低质量睡眠会让人变得脾气暴躁，并会对第二天的工作产生厌倦情绪。因此，为了避免情绪失控，我们平时可以采取一些措施改善自己的睡眠质量。比如，要保证充足的睡眠时间，并要在入睡前营造安静、舒适的环境；另外，睡前不宜吃夜宵，也要避免饮用咖啡、酒或抽烟。

当然，改善睡眠质量并不意味着要强迫自己睡觉，就像有的人在毫无睡意的情况下强迫自己中午必须午睡半个小时到一个小时，结果却因为无法入眠而产生了烦躁、焦虑情绪。这样的做法应当尽量避免，并要代之以更加合理的安排，让自己能够享受睡眠，从睡眠中获得高质量的休息。

2. 久坐不动

很多生活在都市中的上班族都有久坐不动的坏习惯，这不仅会引起肥胖症、心脏病、骨质疏松症等生理疾病，还可能引发焦虑、抑郁等情绪问题。澳大利亚迪金大学的研究人员发现，久坐不动与焦虑之间存在着明显关联，如每天坐着看电视或使用电脑超过2小时的人群，出现焦虑症的风险就要高于其他人群。

因此，我们应当有意识地减少久坐不动的时间，平时坐着工作或娱乐时，最好每隔半个小时起身活动几分钟。另外，我们还应当养成规律运动的好习惯，因为运动后身体产生的内啡肽不仅能够减少疼痛感，还能改善情绪，让我们变得更加乐观、满足，有助于减少情绪失控出现的概率。

3. 合理控制独处时间

心理学家认为，每个人都需要内在整合的时间和空间，而独处就是一个进行内在整合的好机会。

在安静独处时，我们可以放松心情，进行适当的反省和思考，可以倾听内心真正的需要，从而更加了解自己，也有助于摆脱压力和负面情绪。

当然，这并不是说独处的时间越长越好。长期独处会让人觉得孤独、寂寞，容易滋生抑郁情绪，所以我们要合理控制独处的时间，注意不要以时长为唯一的标尺，而要以自己的感受为判断的标准——当内心对人际关系开始产生抗拒感，我们就可以尝试独处。

4. 缺乏良好的沟通

沟通可以帮助我们与他人交流看法、增进感情、消除误解。很多时候，因为缺乏良好的沟通，我们可能会陷入一厢情愿的想法，并会因此产生焦虑、烦躁、愤怒等负面情绪，可要是开诚布公地与对方谈一谈，就会发现很多让自己纠结不安的事情其实不值一提，情绪问题也可借此获得解决。

需要指出的是，想要提升沟通的效率和效果，我们不能总是依赖于网络手段与对方交流，因为那样无法观察对方的表情、动作、姿势，也就不能全面了解对方的真实意愿和情绪感受。所以，我们最好选择自己情绪平和的时候，面对面地与他人进行沟通。

5.做事拖延

很多人都有拖延的坏习惯，要么是因为害怕失败，要么是错误地估计了任务完成时间，要么是因为本身懒散颓废，所以才找各种理由不肯立刻行动。

拖延不但会让任务的完成遥遥无期，还会给自己带来很大的心理压力，并会引发焦虑、紧张、抱怨、烦躁等负面情绪。等到截止日期逼近，人们会发现自己已经没有任何逃避的可能，不免会感到十分惊慌，更有可能出现情绪失控的问题。

对于这类人，最需要的是提升自己的行动力，尽可能地消灭拖延。事实上，不管事情多么难以解决，只要开始行动，心中的不安和焦虑就会有所减轻。

6.一心多用

一心多用也是一种常见的坏习惯。人们为了节省时间，提高效率，常常同时处理多个任务，让自己在各种事务中疲于奔命。但这样做不光容易出错，还会消耗本来就很有限的专注力，使得办事效率大大降低，引发严重的焦虑、担忧情绪。

事实上，人脑不同于电脑，无法同时处理性质不同的多线程任务。我们要想提升效率，就必须学会专心做好一件事情，然后再开启另一件事情……像这样踏踏实实地完成任务，焦躁不安的情绪也会逐渐恢复平稳。

除了上述几点，我们也不能忽视滥用电子产品对情绪的不良影响。的确，手机、平板电脑等电子产品给我们的生活带来很多乐趣，但同时也会占用我们的注意力，并会引起神经系统的过度兴奋，会导致情绪不稳定。

因此，我们很有必要减少自己对电子产品的依赖，平时如果不是工作需要，最好不要总是捧着电子产品不放。在下班后或节假日，我们也不要让自己沉迷于电子产品，不妨利用这段时间外出运动或郊游，也可以与亲人、朋友见面沟通，可以有效地舒缓压力，放松身心，改善情绪。

第五章

聆听内心,提升自己的情绪觉察力

观察情绪：做一个关注自我情绪的有心人

"其实我也不想发脾气，可有时我就是控制不住自己……"相信很多人都会有这样的困惑。身处某些情境中时，我们很难保证心智状态始终稳定如一，在强烈的情绪袭来时，难免会被情绪"带着走"，做出一些违背自我意愿的行为。

36岁的唐敏有一个上小学二年级的女儿。孩子聪明可爱，惹人喜欢，可就是对学习没有什么兴趣。

每天晚上辅导作业的时候，也是唐敏一天中最痛苦的时刻：孩子不愿意主动思考，遇到什么题目都说不会，然后等着妈妈提醒；而且孩子注意力很难集中，做作业时，做着做着就拿起一旁的玩具摆弄起来……

一天，孩子又在做作业时拿起了玩具，唐敏的心情越来越烦躁，看到孩子不专心的样子，她心中的怒火一下子被点燃了。

她一把抓起孩子手中的玩具，狠狠地摔在地上，接着扬起巴掌，重重地打在孩子的胳膊和肩膀上……

"别打了……妈妈别打了……"孩子一边躲闪，一边放声大哭起来。

哭声让唐敏渐渐找回了理智，她这才看见孩子满脸都是泪水，白皙的小胳膊也被自己打红了。唐敏不禁十分后悔，其实她平时是一个非常温柔的母亲，对女儿十分疼爱，可不知道为什么，每到辅导作业的时候，她就会控制不住自己的情绪，冲动下做出让自己后悔的事情……

情绪失控是一件非常可怕的事，它能让平时性格温和的唐敏变得非常暴躁，富有攻击性。而这样的情绪变化并不是在一瞬间发生的，它其实有一个累积的过程：唐敏因为孩子表现不佳，本来就已经产生了烦躁、不满情绪，而且这些负面情绪还在不断升级。此时她的状态已经不适合继续辅导孩子的学习，但她并没有意识到这一点，这才导致了之后的情绪爆发。

这样的案例在现实生活中并不少见，由于人们缺乏情绪觉察力，没能及时发现自己情绪的变化，导致负面情绪超过了阈值，就很容易出现失控的后果。

因此，要想控制自己的情绪，成为情绪的主人，我们就要先学会观察自己的情绪。

这种情绪观察需要我们暂时跳出自己的角色，成为一个旁观者，细心体会自己在此时的外部表现和内在心理活动，以便及时觉察自己的情绪变化，并进行相应的处理，从而能够大大减少情绪失控的可能。

下面这些常用的情绪观察法对我们认识和了解自己的情绪很有帮助。

1.观察自己的面部表情

面部表情被称为"内心的镜子",在很多时候,当我们身处某种情绪状态中时,面部会不由自主地呈现出一些特定的表情。比如,在感到愤怒时,面部常会出现眉毛向下、眼睛瞪大、咬牙切齿、鼻孔张大、鼻翼翕动、嘴唇紧闭的表情,同时面部肌肉也会呈现出紧张的状态;而在感觉厌恶时,面部可能会出现肌肉紧缩、上唇抬起、脸颊上抬、眉毛紧皱、眼睛紧眯的表情,鼻子周围和眼睛下方常会出现褶皱。

这些表情很可能会在我们完全没有意识到的情况下悄然出现,此时如果我们拿出一面镜子,对镜观察,可能会被自己的表情吓一跳。

所以,观察情绪的第一步可以从观察表情开始,这种外显的信号最容易被我们直接发觉,也能够提醒我们及时控制自己的情绪。案例中的唐敏,在辅导孩子作业时可以在身前摆放一面镜子,以便随时观察自己的表情,一旦面部出现愤怒、厌恶等情绪信号时,就先从孩子身边离开,做一些别的事情分散自己的注意力,使激动的情绪逐渐平复。

2.观察自己的身体状态

除面部表情外,我们还可以从身体状态觉察情绪的变化。因为在情绪的影响下，我们的身体会不自觉地做出各种各样的动作、姿势，我们的呼吸、心跳也会出现各种变化。

比如，一个人在情绪紧张时，呼吸会变得急促，心跳也会加快，双手会不由自主地做出摸脸、捂嘴等动作，坐下时双脚也会频繁抖动……

我们可以试着观察这些肢体动作和生理反应，从而能够对情绪变化有清晰的意识。比如，唐敏在辅导孩子时，感觉到自己有心跳过速、呼吸急促、面红耳赤的情况，就应该意识到自己已经处于情绪失控的边缘。为了避免伤害到孩子，就应当选择暂时离场，待身体状态恢复正常，情绪恢复平稳时，再继续辅导孩子。

3.感受自己的心理活动

在观察表情、体态、动作等外部表现的同时，我们还可以倾听自己内心的想法。比如，当负面情绪滋生时，可以先让自己独处一会儿，细心体会自己此时的心理活动，同时可以告诉自己："因为……，我现在有负面情绪了。"之后不要回避这种负面情绪，也不要责怪自己，而是试着接纳它，为它找到合理的解释。经过这样的自我调整后，我们会感觉心头的压力减少了许多，也能够寻回理性，尽量避免情绪失控。

当然，熟练地观察自我情绪并不是一件简单的事情，我们需要不断进行练习，才能逐渐提升这种情绪的自我觉察力。因此，在日常生活和工作中，我们不妨有意识地安排一些情绪观察训练，使自己能够更好地把握情绪的运行规则，迈出管理情绪的第一步。

感知情绪：从他人口中了解自己的情绪变化

在自我观察情绪的同时，我们还可以借助他人的看法来了解自己的情绪变化。这是因为我们每个人都有自己意识不到的情绪盲区，也不知道该如何去补救，而他人却可以从客观的角度给我们提出一些建设性的意见，能够帮助我们更好地认识和管理自己的情绪。

美国著名社会心理学家约瑟夫·勒夫特和哈里·英厄姆提出过"约哈里窗理论"，他们认为个体的内心世界可以划分为以下四种区域。

1. 开放区域

开放区域指的是自己能够清楚地了解，也可以对他人开放的那部分信息，如自己的基本情况、兴趣爱好、无伤大雅的情绪感受和需求意愿等都可以归入这个区域。

在人际交往中，我们一般不会刻意地隐藏这些信息，人们也可以借助这些信息对我们有一个大致的了解，并可以在此基础上与我们进行语言的沟通和情绪的连接。

2.隐秘区域

隐秘区域指的是我们自己很清楚但不希望别人知道的那部分信息，如我们不想告知他人的情绪感受、一些隐秘的需求和意愿、对某些人的好恶等都属于这个区域。

拥有隐秘区域会让我们在人际交往中获得一种安全感。比如，我们在工作中出现了失误，遭到了领导的责备，此时心中会产生委屈、沮丧、痛苦、自责等负面情绪。这些情绪我们一般是不愿意和人分享的，因为这会让自己觉得更加难堪，像这样的情绪就应被归入隐秘区域。

当然，隐秘区域与开放区域之间的界限并非牢不可破。比如，在关系非常亲密的人面前，我们有时会将隐秘区域的信息对他们开放，以获得他们的理解和安慰。

3.盲目区域

盲目区域指的是我们自己不清楚或没有意识到但别人有所了解的那部分信息。就像古诗所说的那样，"不识庐山真面目，只缘身在此山中"，有时我们从主观角度认识自己的情绪难免会有一定的片面性，很难发现自己身上存在的问题。可从他人的角度出发，情况就会大不一样。比如，在被问到"你最近这段时间觉得快乐吗"这样的问题时，我们可能会根据自己的直觉，随口给出一个答案，但心理学家认为这是"懒惰"的大脑在我们毫不知情的情况下替换了问题,将"这段时间快乐"改为了"此刻快乐",从而削减了思考过程,让我们可以不费力地给出答案,但很显然,这样的答案并不能够代表我们的真实感受。

不过我们是否真的很快乐,他人都看在眼里。所以我们不妨询问那些与自己比较亲近的人,问问他们这段时间自己的情绪状态和行为表现如何,就能发现很多被自己忽略掉的信息。

4.未知区域

未知区域指的是自己还没有清楚地把握,同时他人也一无所知的那部分信息。比如,我们的潜意识和自己都说不清楚的潜在需求就属于这部分区域,它们是一块等待我们不断探索的领域。

了解了上述的四种区域后,我们在感知情绪时,就可以将关注点转向盲目区域,即尝试从他人口中了解自己的情绪变化,从而更好地把握自己真实的情绪状态。

在这个过程中,我们应当注意以下几点。

1.多选择一些对象进行了解

在心理学上有一个"光环效应",说的是人们一旦对某个人的某种品质产生了非常好的印象,就会以偏概全,认为对方的其他品质也是正面、良好的。

与"光环效应"相反的是"恶魔效应",即当人们讨厌某个人身上的某一特点时,也会讨厌他身上的其他特点。

在这两种心理学效应的影响下，人们对他人的认知难免会有片面、偏颇之处。所以，我们在了解自己的情绪变化时，有必要多选择一些对象，多倾听他们的看法，才能获得更加全面、客观的反馈。

为此，我们可以询问与自己最为亲密的伴侣、亲人，也可以询问比较熟悉的朋友、同事，有时也可以问问刚认识的对象对我们的印象如何，最后综合所有人的意见，就能够大概了解我们的情绪变化在他人眼中究竟是什么样的。

2.不要只重视那些正面反馈

人们大多喜欢听到肯定、夸奖自己的话语，不喜欢听到批评、指责自己的话语。可事实上，任何人在他人眼中的情绪表现都不可能是完美无缺的，我们应当接受这一事实，并能够坦然地听取负面反馈。

比如，在听到他人说"你有些情绪化，容易被一点小事激怒"时，我们不能急着与对方争辩，更不能因此怨恨对方。我们应当以开放的心态接纳对方提出的意见，并耐心地询问对方之所以会产生这种感觉的原因。

如果对方所说的原因确实是事实，我们就应当重视其意见，并可以考虑如何改善自己的情绪问题。

总之，我们应当时刻提醒自己，没有人能够完全了解自己，所以我们需要从他人的视角审视自己，这样才能更好地提升情绪觉察力。

记录情绪：做一份详细的情绪日志

为了更加直观地了解、认识自己的情绪，我们还可以引入情绪记录工具——情绪日志。它的形式与生活日记相似，也需要记录具体的日期、地点等信息，但与日记不同的是，情绪日志偏重于记录自己的情绪体验，与情绪变化无关的琐事则不应记录在内。

在下面这个案例中，一个白领文涛在情绪险些失控后就回到办公室，写下了一篇情绪日志。

> 时间：2020年9月6日
>
> 地点：公司餐厅
>
> 情绪体验：愤怒
>
> 情绪程度：7级（按照1~10级评分）
>
> 事件经过：今天中午，我正坐在餐厅里用餐，忽然被人从背后泼了一身菜汤，新买的西服全毁了。
>
> 当时，我只觉得一股怒气冲上了头顶，脸上也觉得一阵阵发烫，脑海中只剩下这样的想法：我的形象彻底毁了，同事们都会笑话我，要是让我知道这是谁干的，我一定不会放过他。
>
> 想到这里，我愤怒地一拍桌子站起来，接着转过身面对肇事者——一名新同事。那时我真的很想端起手边的餐盘，狠狠

地把饭菜砸在他身上。

我虽然看不到自己当时的表情,却能够想象到那是一张极度愤怒的面孔,新同事也被我吓坏了,他脸色发白,连声道歉:"对不起,我刚才滑了一下,不是故意泼你的……"

看到同事恐慌的样子,我忽然有些清醒过来,觉得自己不应该为这么一件小事大发雷霆。于是我努力压抑情绪,跟同事沟通了一番,他主动提出承担干洗服装的费用,还再三向我道歉,我也大度地原谅了他,事件得到了解决。

总结:我控制住了自己的愤怒情绪,没有当着众人的面进一步发火。但回想自己当时的情绪表现,还是有很多可以改进的地方。比如,事发的第一时间,我只知道对方冒犯了我,却没有想到对方并不是出于主观意愿这么做的。我急于发怒,这会伤害对方的感情,也会影响他人对我的看法。所以下次再遇到类似的问题,我一定要尽可能地控制情绪,不能不分青红皂白对他人发作一通……

在文涛的情绪日志中,他看到了自己愤怒情绪的产生和变化过程,并对其进行了生动的描写。比如,用"一股怒气冲上了头顶""一拍桌子站起来"来表现情绪的突如其来和激烈程度,用"脸上也觉得一阵阵发烫"来表现情绪影响下的生理变化。他还写到了当时的心理活动——"我的形象彻底毁了,同事们都会笑话我",以及自己的冲动思维——"想端起手边的餐盘,狠狠地把饭菜砸在他身上"。

这样的记录非常详细，写出了情绪的变化层次，能够帮助自己了解情绪，发现自身情绪变化的特点。

值得一提的是，文涛还在情绪日志中进行了深度思考，这能帮助他发现自己情绪失控的原因——容易对他人的行为动机进行主观臆断。之后他可以从这个方向进行认知调整，提升自己控制情绪的能力。

从这个案例中，我们可以大致了解情绪日志的记录方法，它至少应当包括以下几方面的内容。

第一，对情绪进行定义和评级。我们可以用生气、愤怒、失落、难过、痛苦、怨恨、嫉妒等词语定义自己的情绪，然后像文涛那样，将自己的情绪按照强度分为1~10级，并据此对之前的情绪变化进行评级。

第二，描述当时的具体情境。我们可以用生动的语言描述情绪产生时的情境，包括时间、地点、相关人物、事件经过等，这可以帮助我们准确定位情绪的诱因。

第三，描述自己的情绪变化。我们可以从生理、心理、行为这几个维度描述自己在该情境下的情绪变化，如当时身体有什么感觉，脑海中有什么想法，行为上有什么样的冲动，等等。

第四，对情绪变化进行总结和思考。完成了情绪描述之后，我们可以像文涛一样审视自己的情绪，发现自己身上存在的问题，进而找出一些改进的措施。

类似这样的情绪日志，我们应当坚持定期记录。如果条件允许的话，最好每隔1到2天记录一次，这可以帮助我们更好地识别、思考自己的情绪，也能够帮助我们逐渐获得对情绪的掌控感。

反思情绪：学会自我诘问，不再情绪失控

完成了情绪记录的工作之后，我们还要定期进行情绪反思工作。所谓"情绪反思"，就是追根溯源，找到情绪的源头——某种错误的或偏颇的想法，之后再继续探寻这个想法产生的原因。

这样的情绪反思可以帮助我们更好地认识自我，也可以让我们了解内在情绪产生和运作的过程，从而及时调节情绪状态，以更加积极的态度面对生活。

孟静和朱海洋是一对新婚夫妻，他们没有和父母一起住。虽然这样更加自由，但也出现了问题——家务活没有人愿意做。

结婚之前，他们都是父母疼爱的孩子，根本不用操持家务，可现在两人不得不动手做饭、洗碗、洗衣服、收拾房间，都觉得很不适应。

为了避免发生矛盾，两人商量好分担家务：孟静做饭、洗衣，朱海洋则负责洗碗和打扫。最初一段时间，两人还能勉强坚持，可时间长了，两人都觉得太过辛苦，本来工作就已经够

累了，下班回家后还得做家务，实在是太吃力了。

这天吃完晚饭后，朱海洋靠在沙发上用手机回复工作微信。孟静催促他洗碗，他随口说道："等会儿就洗，别催了！"

这可惹恼了孟静，她觉得朱海洋说话不算话，还想故意偷懒。她越想越生气，冲进了厨房，随手拿起碗盘砸到了地上。

刺耳的响声让朱海洋吓了一跳，等他弄清是怎么回事后，不禁也有些生气。夫妻俩就这样争吵了起来，两人越吵越凶，朱海洋在盛怒下摔门离开了……

丈夫离去后，屋里恢复了安静，孟静独自待了一会儿，感觉没有之前那么生气了。她坐了下来，思考着刚才发生的事情，忽然有一些后悔。

她认真地反思了一下自己的情绪，发现自己生气是因为对婚后的生活比较失望，觉得丈夫的一些做法没有达到自己原本的设想，心里觉得不平衡。在看到丈夫不洗碗时，她立刻就想到丈夫是在故意推卸责任，却没有从他的角度考虑问题，没有想到他也有自己的烦恼……

经过这一番反思之后，孟静的怒气已经完全消失了。她决定给丈夫打个电话道个歉，再好好和他沟通一番……

虽然很多人的情绪失控总是突如其来的，但是在美国心理学家丹尼·西格尔看来，情绪失控的过程可以分为四个阶段，而我们也可以从上述案例中找到与每个阶段对应的情绪变化。

1.触发阶段

触发阶段指的是人们受到某个触发事件的刺激,唤醒了内心的负面记忆,因而开始产生负面情绪。就像案例中的孟静是被丈夫"拖延洗碗"的事件刺激,进而想到了婚后不理想的生活,才会越想越生气,但一开始她并没有意识到这一点。

2.过渡阶段

过渡阶段指的是大脑从"可控状态"转入"失控状态"的过程,如果此时不能及时调整认知,疏导负面情绪,情绪状态就会走向恶化,距离"失控"只有一步之遥。案例中的孟静在开始生气后就没能及时处理好情绪,结果让自己变得越来越不冷静。

3.浸没阶段

浸没阶段指的是情绪彻底失控的阶段。到了这个阶段,人们的心智已经被激烈的情绪完全蒙蔽,可能会做出一些过激的行为。就像案例中的孟静在情绪失控状态中就做出了摔碎碗盘的行为,事后却又为自己的表现感到后悔。

4.恢复阶段

恢复阶段指的是情绪逐渐恢复平和、头脑逐渐恢复清醒的阶段。案例中的孟静就在这个阶段开始了情绪反思,意识到了自己在认知方面存在的问题,从而逐渐摆脱了负面情绪,并能够从理性的角度寻找解决夫妻矛盾的办法。

了解了情绪失控的四个阶段后,我们会发现这样的事实:如果人们能够在过渡阶段进行自我调节,或是在恢复阶段进行自我反思,就能够避免进入或尽快摆脱浸没状态。

那么,我们应当如何进行有效的情绪反思呢?这里推荐一种简单的方法,名叫"苏格拉底诘问法",是古希腊哲学家苏格拉底非常喜欢使用的方法。

这种方法本来是用来诘问他人的,能够使对方主动深入思考,逐渐发现自己的错误、矛盾之处。而现在我们可以用这种方法来诘问自己,让自己能够找回理智,并能够主动反思认知的不合理之处,进而摆脱负面情绪对自己的摆布。

在具体使用诘问法的时候,我们可以按照如下步骤进行。

第一步:回顾情绪失控之前的场景。在此过程中尽量不要代入自己的情绪,而是要暂时跳出自己的角色去看问题,这样才能避免看法过于主观、片面。

第二步:在自问自答中澄清观念。我们可以不停地追问自己,再给出答案。比如,可以问自己:"我为什么会这么生气?""究竟是什么把我推向了崩溃的边缘?""当时发生的事情是让我情绪失控的真正原因吗?""如果不是,我内心真正的需求是什么呢?"这些问题能够帮我们拨开眼前的迷雾,让我们的认识越来越清晰、准确,不会再陷入自以为是的思维怪圈中。

第三步：得出有启发性的结论。在这个阶段，我们可以总结自己从情绪反思中得到的经验和教训，并可以整理出一些适合自己的情绪控制技巧。

在下次遇到类似情境时，我们可以运用这些技巧调节情绪。如果效果比较理想，我们还可以将这些技巧固化下来，使其逐渐成为我们情绪模式的一部分，帮助我们更好地应对各种复杂的情境，让自己能够保持冷静、镇定，避免情绪失控。

关注"情绪的钟摆效应"：了解自己的情感晴雨表

人们的情绪经常处于起伏不定的状态，有时情绪高涨、心情极佳，工作、学习颇有效率，与人交往也非常顺利；可有的时候，情绪又会十分低落，无论做什么事情都觉得提不起劲来。

这种情况被心理学家称为"情绪的钟摆效应"，是说人们的情绪会像钟摆一样围绕着一个中心有规律地来回摆荡。

下面，让我们来看一个与"情绪的钟摆效应"有关的案例。

32岁的季春通过自己的不懈努力，终于赢得了领导、同事的一致认可，被推举为部门总监，这是对她辛勤工作的一种肯定，让她感到分外满足和自豪。

在接到任命通知的那几天，季春有一种心花怒放的感觉，整个人看上去神采奕奕，走路似乎都带着风，就连烦琐的工作任务都不会让她感觉烦躁，每天做起事情来都会有一种事半功倍的感觉。

可没过几天，她就感觉自己像一只"漏了气的皮球"，渐渐失去了之前的那股劲头。升职之后，她发现自己要完成的指标更多，要处理的职场人际关系也更加复杂，烦心事比过去多了不止一倍，这让她的好心情渐渐消退，取而代之的是担忧、焦虑、烦躁等负面情绪。

这天早上，她被闹钟叫醒，不情愿地睁开眼睛时，忽然感受到了一种强烈的沮丧情绪。那一瞬间，她甚至不想起床去上班，也不想再去面对办公室里的那一摊麻烦事。

丈夫看到她苦恼的样子，觉得很不理解，问她："前些天你还那么兴奋，怎么突然变成了这样？"

"对啊，我这是怎么了？"季春摇摇头，无奈地问自己。

发生在季春身上的现象正是"情绪的钟摆效应"。在心理学家看来，情绪钟摆向左和向右摆动的幅度是相同的，也就是说，正面情绪和负面情绪所能达到的强烈程度是相当的。

在接收到升职信息后，季春的正面情绪攀升到了最高点，但情绪钟摆很快回落，并向反方向摆动，她的情绪慢慢低落下来，并逐渐出现比较强烈的负面情绪。

同样，当负面情绪攀升到最高点时，情绪钟摆又会自行调节，季春就能够慢慢找回好情绪了。

了解了"情绪的钟摆效应"后,我们对自己情绪的波动应当有一个正确的认识,并要特别注意以下两点。

1.要注意避免情绪的大起大落

在平时的生活和工作中,我们要尽量避免情绪大起大落、过喜过悲。一方面,这可以让情绪钟摆在正常范围内摆动,有助于减少情绪反弹的力度,从而能够遏制情绪失控的情况。另一方面,避免大喜大悲,保持情绪相对稳定对身心健康也非常有利。就拿过度兴奋来说,它可能会引起心跳加快、头晕目眩、举止失常,严重时还可能引发心绞痛或心肌梗死;过度悲伤可能会引发呼吸困难、胸口疼痛以及睡眠和食欲的失常。

所以,我们要对情绪进行适当控制,不要动不动就莫名狂喜、大怒失常或是悲痛欲绝,要让情绪钟摆尽量在情绪愉悦、恢复平和、情绪惆怅之间适度摇摆,这样才不会对身心造成损害。

2.不要故意克制某种情绪

必须再次强调的是,控制情绪并不是要让我们刻意压抑自己的情绪,不让自己表现出任何的情绪变化。故意克制情绪反而会对自己造成很多不好的影响。

由于情绪钟摆左右波动幅度大体相当,倘若我们故意克制一种情绪,降低其反应强度,情绪钟摆的摆幅就会减小,另一种情绪的强度也会相应地降低，就会出现情绪麻木的现象，也就是个体对情绪的感知能力会严重下降，遇到不好的事情不会感到特别痛苦、难过，遇到好的事情也很难感受到喜悦、开心和满足。久而久之，你就会觉得自己像失去感觉一样，过着行尸走肉的生活，终日处于心灵空洞、情绪匮乏的状态，体会不到生命的鲜活和丰富多彩。

所以，一味逃避或压抑情绪是行不通的，我们应当接受情绪的多样性，以更加开朗、达观的态度看待情绪波动。

小测试：测一测你的情绪觉察能力

以下这些与情绪觉察能力有关的说法，你觉得哪些最符合自己的实际情况？请根据实际情况做出选择。

1. 在日常生活中，你能够体会到很多种不同的情绪吗？

A. 能　　　　B. 不清楚　　　　C. 不能

2. 你能很快地觉察到自己在生气吗？

A. 能　　　　B. 不清楚　　　　C. 不能

3. 你能分辨兴奋与愉快两种情绪的不同吗？

A. 能　　　　B. 不清楚　　　　C. 不能

4. 你能区别生气与愤怒两种情绪的不同吗？

A. 能　　　　B. 不清楚　　　　C. 不能

5.你了解自己的情绪起伏情况和情绪强度大小吗?

A.很了解　　　　B.比较了解　　　　C.完全不了解

6.你知道自己在什么样的情况下最容易发生情绪波动吗?

A.知道　　　　　B.不清楚　　　　　C.不知道

7.在情绪起伏很大的时候,你能找出原因吗?

A.能　　　　　　B.不清楚　　　　　C.不能

8.你认为自己的情绪世界丰富多彩吗?

A.是的　　　　　B.不清楚　　　　　C.不是

9.你会经常留心观察身边人的情绪变化吗?

A.会　　　　　　B.不清楚　　　　　C.不会

10.你能够从他人的表情觉察他们的情绪吗?

A.能　　　　　　B.不清楚　　　　　C.不能

11.你能够从他人的肢体动作觉察他们的情绪吗?

A.能　　　　　　B.不清楚　　　　　C.不能

12.你能够在他人说话时觉察他们的情绪吗?

A.能　　　　　　B.不清楚　　　　　C.不能

13.与他人沟通后,你能够了解对方的想法和感受吗?

A.能　　　　　　B.不清楚　　　　　C.不能

14.在别人诉说自己的苦恼时,你能感同身受吗?

A.能　　　　　　B.不清楚　　　　　C.不能

15.当你的话语或行为伤害了他人的感情时,你能及时觉察吗?

A.能　　　　　　B.不清楚　　　　　C.不能

评分标准：

以上各种说法选A得3分，选B得2分，选C得1分。

请将得分加总后进行判断。

1.总分在21分以下：情绪觉察能力较差，对自我情绪变化缺乏了解，也不知道让自己情绪波动的原因是什么；平时与人交往时，很少主动观察他人的情绪变化，即使因自己的言行引起了他人的不满，也无法及时觉察，因而常会引发不必要的矛盾。

2.总分21~38分：情绪觉察能力尚可，但对于细微的情绪变化还不能够准确区分；与人交往时，对他人的情绪变化有一定意识，但还不能很好地理解对方的感受和需求。

3.总分在38分以上：情绪觉察能力较好，不但能够有效地察觉自己的情绪变化，了解自己的情绪波动，还善于"察言观色"，能够从他人的话语、肢体动作、表情等细节中了解对方真实的想法，因而能够与对方进行更加顺畅的沟通，也有助于构建良好的人际关系。

第六章

合理表达情绪,缓解心灵的压力

当心"吞钩现象",学会在困境中自救

在快节奏的工作和生活中,每个人都会遇到不小的压力,也会产生不同程度的负面情绪。这些情绪是需要表达的,但是在生活中,有很多人习惯性地隐藏自己的情绪,即便这样做非常痛苦,他们也不会为情绪寻找出口。

这种情况与心理学上的"吞钩现象"非常相似,而这种现象是由心理学大师阿尔弗雷德·阿德勒发现的。

阿德勒平时有钓鱼的爱好,他在钓鱼时注意到鱼儿在咬钩之后会因为疼痛而疯狂挣扎,可越是挣扎它们就会将尖利的鱼钩咬得越紧,最后便会被人轻易地钓上来。

这么一个十分普通的现象,却引起了阿德勒的深思。他从鱼儿看似愚蠢的行为联想到了人们的情绪表现:很多人陷入负面情绪后,自己不知该如何调节,又不愿意向他人表达,结果就会像吞钩的鱼儿一样,被负面情绪钩得越来越紧,痛苦异常。

38岁的赵兵是一名单身父亲。在妻子因病去世后,他一个人既要照顾上小学的孩子,又要工作赚钱,自我感觉压力很大。

最近一段时间，他在工作上遇到了一些不顺心的事情。孩子在学校的表现也不太好，老师经常发消息提醒他注意教育和引导孩子。他虽然明白老师是好意，但仍感觉非常烦恼、沮丧，有时候还想发脾气，但因为害怕会吓着孩子，便一直强行忍耐。

父母非常关心他，怕他一个人忙不过来，建议他把孩子送过来，由他们帮忙接送孩子上下学。可赵兵考虑到父母年事已高，身体也不太好，不想让他们继续操劳，总是报喜不报忧，还婉拒他们的帮忙。

平时再难再苦，他也从不向别人诉说，因为他总觉得自己是个男子汉，就应当勇敢地承担家庭责任，总是抱怨、诉苦会显得过于懦弱。

可是时间长了，他的内心越来越痛苦，有时还会觉得喉头哽噎、头痛、全身发冷。

即便如此，他还是苦苦坚持，直到去给孩子开家长会的那天，他终于情绪崩溃了。

当听到老师说"个别家长不太配合我的工作，没有及时回复信息"时，他明白老师说的就是自己，可他实在是有苦说不出。有时候公司在开会，还要加班，下班了又要忙着给孩子做饭、洗衣服，他没有办法一直盯着手机，难免会错过一些信息，可在老师口中，自己仿佛成了一个不负责任的家长，这不禁让他委屈、难过到了极点。

于是，当着老师和其他家长的面，他忽然大哭起来，一边哭还一边哽咽着说："我真的不是不负责任，谁能理解我的苦衷……"

案例中的赵兵就像一条吞钩的鱼儿，他明明感受到了强烈的负面情绪，内心也非常痛苦、压抑，却因为害怕伤害孩子，拖累父母，担心会影响自己的形象，而不愿意将情绪表达出来。

被"吞钩现象"折磨的他在困境中越陷越深，已经出现了明显的身心问题，却仍未采取必要的措施进行心理调节，最终导致自己情绪崩溃。

赵兵的遭遇令人同情，他本可以积极地寻求自救，将情绪适当地表达出来，让负面情绪获得疏解，给自己留下喘息的余地。

那么，我们应当如何表达自己的情绪呢？

1. 从辨认情绪做起

现实生活中，很多人像吞钩的鱼儿一样，虽然察觉到了不适，却无法清晰地描述这种感受，更想不到如何去摆脱这种感受。

这说明我们仅仅察觉情绪是不够的，还需要对情绪进行辨认。这种辨认不能想当然，不能草率地说"我觉得自己很生气""我觉得自己很难过"等，而是应当先了解各种情绪的特点，再进行认真的分辨，这样才能准确识别自己经历的是什么样的负面情绪，并有针对性地寻找处理这种情绪的最佳方法。

2.描述自己的情绪

在清楚辨认情绪的基础上,我们可以尝试描述自己的情绪。很多人在这方面存在不同程度的欠缺——当他们被人问到"现在情绪如何时",常会给出一些模糊不清的答案,如"我觉得挺好的""还可以""不太好""很糟糕"等。这样的描述是笼统的、不准确的,不利于他人和自己理解我们的情绪。

因此,我们有必要多了解一些与情绪有关的词语,再根据自己的实际情况有选择地运用。

就拿情绪不错来说,我们可以将其具体描述为高兴、开心、快乐、庆幸、舒畅、爽快、喜悦、喜出望外、心花怒放、心旷神怡等。而情绪糟糕,也可以具体描述为生气、恼火、愤怒、愤慨、伤心、悲哀、悲伤、痛苦、沉痛等。

应该选用哪一个词语,要根据我们当时的情绪状态来决定。为了让对方有更加真切的感受,我们还可以加入一些生动的描述语,如"我现在开心极了,觉得心里好像被灌了一瓶蜜似的""我很痛苦,心里好像压着一块大石头似的"……

像这样去描述自己的情绪,不但能够让他人形成更加鲜明的印象,还能提升自己对情绪的敏感度,更好地觉知自我和他人的情绪。

3.将情绪分享给他人

在学会描述情绪之后,我们就可以勇敢地将自己的情绪感受分享给别人了。这一步看似简单,但很多人会像案例中的赵兵那样出现问题。因为他们会有各种各样的顾虑,所以总是对自己的情绪羞于启齿。此时他们要做的就是突破自己的心理,不要总觉得表达情绪会招来他人的嘲笑,恰恰相反,真实地表达自己的感受,会给人一种坦诚、可靠的感觉,对人际关系的维系和发展是很有帮助的。

另外,在表达情绪时,我们还要注意选择适当的时间和地点。比如,心中涌动着非常强烈的愤怒情绪时,就不适合向他人表达情绪,因为此时我们可能会控制不住自己的情绪,会脱口而出一些伤害他人的话,甚至会做出一些不理智的举动。

因此,我们应当等待强烈的情绪逐渐平息之后,再经过深思熟虑,选择对方能够接受的方式表达情绪。在这个过程中,心理学家建议我们可以先进行想象预演,也就是在脑海中想象自己要表达的情绪和对方可能给出的回应方式,这会让我们在表达情绪时更加自然流畅,并能够抓住重点,可以让对方接收更多信息,也方便对方为我们提出建议。

对于那些不擅长口头表达的人,心理学家还提供了替代性的做法,就是将自己的感受和想法写在纸上,请对方阅读。书写是一种很好的表达情绪的方式,可以帮我们梳理自己的情绪感受,还能够让我们直面自己的心理需求。而他人阅读我们写下的文字后,也会对我们的情绪和感受有比较深入和直观的认识,既有助于双方的情感交流,又能够帮我们缓解负面情绪堆积造成的巨大压力。

愤怒表达法：理性、恰当地表达负面情绪

当自身的人格、尊严、权力、利益受到侵犯时，我们的心中会自然而然地产生愤怒情绪。但为了不影响人际关系的和谐，我们常常会压抑愤怒的情绪。可是这样做常会引发反效果，愤怒总有一天会强烈爆发，并会引发严重的后果。

事实上，愤怒情绪的产生是很正常的，我们不必为此感到内疚。美国著名心理学家贝弗莉·恩格尔就曾说过："愤怒情绪是一种合理的情绪。承认并理解你的愤怒，可能是人生中用来成长的一门好课程。"

因此，我们不必一味压抑自己，而是可以用理性、恰当的方式表达愤怒，这样既能够给自己的负面情绪找到出口，又能让对方意识到我们的不满，从而停止侵犯行为。

23岁的蓁蓁大学毕业后，找到了一份不错的工作。不过她所在的城市消费水平较高，为了节省开支，蓁蓁选择与人合租。

室友马静是一个时尚、漂亮的女孩，可就是有一个不好的习惯，喜欢乱翻别人的东西。蓁蓁不止一次发现自己的个人物品有被翻动的痕迹，心中十分不快，可碍于面子，她一直没有向马静表达自己的不满。

没想到她的隐忍对马静来说却成了一种放纵,马静的行为越来越过分了,蓁蓁的情绪也越来越糟糕。直到那天,蓁蓁一回家就发现自己新买的化妆品被拆开用过了。她的心中顿时升起了一股怒火,很想冲到马静房间里,将她好好骂一顿。幸好她在情绪爆发之前,及时找回了理智。

她拿着化妆品,径直走向马静,用严肃的语气质问道:"你为什么不经我允许,就随便乱动我的东西?"

马静没有想到好脾气的蓁蓁也会有生气的时候,她有点慌乱地狡辩道:"咱们关系这么好,我试用下你的化妆品不行吗?"

蓁蓁将化妆品重重地放在桌子上,生气地说:"这不是关系好不好的问题,而是你根本就不懂得尊重我。之前你也做过好几次这种事,我为了不伤和气,一直都忍着没有多说,可你知道我心里有多不舒服吗?我希望你能够换位思考一下,如果是我动不动就到你房间里翻找东西,你会觉得很开心吗?所以,请你以后注意一下自己的行为,好吗?"

听完蓁蓁的一席话,马静的脸都羞红了,她连声给蓁蓁道歉:"对不起,之前我没考虑到你的感受,以后我一定不会再这样做了……"

蓁蓁被室友没有分寸的行为困扰着,可她为了不影响彼此之间的关系,一直没有表达愤怒,结果却让自己感到非常压抑、痛苦。好在她懂得如何正确地表达愤怒,既没有让过盛的怒火伤害到他人，又达到了表达情绪和想法的目的，这样不但化解了人际矛盾，还能让自己的情绪状态恢复平稳。

由此可见，在人际关系中适时表达愤怒是很有必要的。不过，我们一定要注意把握"理性、恰当"的原则，才能在捍卫自身权益的同时，得到他人的尊重和认可。

为此，我们可以参考心理学家提供的愤怒表达法，恰到好处地释放自己的情绪。

1.引导对方关注我们的愤怒

表达愤怒的第一步是引导对方关注我们的感受，这样对方才会意识到自己的行为是不妥当的。比如，我们可以像蓁蓁这样，用具体的话语告诉对方"我的心里很不舒服（很气愤/很难受/很痛苦……）"，同时还可以提醒对方进行换位思考，这样对方会更有代入感，也更容易意识到自己的问题。

在表达感受的时候，我们一定要控制过于激动的情绪，不要对着对方破口大骂或大吼大叫，更不应该用攻击性的语言辱骂对方"没教养""没素质"，这样只会引起无谓的争吵，对于解决问题不会有实质性的帮助。

2.不带威胁地说出自己的诉求

我们的诉求是让对方认识到自己的错误并在今后做出改变。所以我们应当使用明确的语言，切忌模糊不清。

为了引起对方的重视，在说完诉求之后，我们可以补充说明对方不这样做的后果，但要注意不要采用威胁性的说法，如"你再这么做，我就不客气了！""下次我非给你点颜色瞧瞧！"

这样的威胁性说法乍听上去语气凶恶，可实际上却透露出了自己内心的怯懦，而对方也会发现这一点。所以我们一定要避免这样的说法，可以改为描述一些具体的后果，如："你要还是这样不尊重我的话，以后我们也不必来往了……"这样对方就会明白自己的行为可能会引发严重的后果——人际关系中断，再加上我们的态度非常坚决，对方会意识到我们并不是在开玩笑，也就不会用敷衍的态度来对待这件事了。

3.给予对方发表意见的机会

在表达愤怒的同时，我们还应当注意不要自顾自地说个没完，而是要给对方一些说话和思考的时间、机会，这样才能够确知对方已经接收到了足够的信息，也已经认识到了自己的错误。

所以，我们可以在表达愤怒之后询问对方："你明白我的意思了吗？""你知道问题出在哪里了吗？""你真的愿意做出改变吗？"

像这样抛出一个又一个问题，既可以引发对方的反思，又可以促使对方表明态度，交流也可以从我们自说自话变成双向互动的沟通，这对于解决问题能够起到非常积极的作用。

霍桑效应：用倾诉的方式宣泄你的情绪

相信你一定有过这样的经历：当自己为某些事情困扰，感到烦恼、痛苦、不安时，只要将自己的感受向他人倾诉，心中就会觉得轻松不少。

其实，这种倾诉的过程，就是在表达和宣泄负面情绪，它可以避免负面情绪过度堆积，减少情绪失控的可能，是一种非常重要的心理调节策略。

心理学上讲的"霍桑效应"也强调了倾诉对于宣泄情绪的重要性。

霍桑是美国西部电器公司位于芝加哥的一间工厂的名字。这间工厂能够向员工提供较为丰厚的薪金、完善的福利制度和娱乐设施，待遇可以说是非常优厚的，可员工却对工厂很不满意，终日情绪不佳，对待工作也总是懈怠、敷衍。

为了了解员工的心理情况，一个由多名管理学家、心理学家组成的研究团队来到了该工厂，开展了一系列实验研究。他们改变了工作场所的照明强度、湿度温度，重新安排了工作时间和休息间隔，但都没能让状况得到明显改善。

直到心理学家们开展了谈话实验，才终于解决了这一难题。这种谈话实验其实非常简单，就是由专家和员工进行单独对话。在谈话过程中，专家负责引导员工的情绪，使他们尽情倾诉对工厂的各种不满，而专家只是用心倾听，并做一些记录，而不会对员工的意见进行评判，更不会对他们的抱怨进行反驳、批评。

谁也没有想到，谈话实验发挥了奇效：在接受过多次谈话实验后，很多员工的情绪状态得到了极大改善，工作积极性和工作效率明显提升。工厂的整体氛围焕然一新，让研究团队感到十分惊喜。

谈话实验究竟有什么特别之处呢？原来，它能够给员工提供一个宣泄情绪的渠道。过去，工厂方面按照自己的想法设置各项制度和福利措施，却没有充分听取员工的意见。而员工在工作中积累了大量的负面情绪，无处宣泄，必然会影响到他们的工作态度和工作效率。现在专家们用谈话实验打开了他们的心门，他们将负面情绪宣泄出来之后，自然会觉得身心舒畅、干劲倍增。

这种奇妙的现象便是霍桑效应，它提醒了我们不能任由负面情绪不停地积累下去，而是应当通过向他人倾诉的方式，将它们宣泄出来。这等同于进行心理排毒，既有利于身心健康，又有助于提升学习、工作的积极性。

那么，在生活中，我们应当如何利用霍桑效应来宣泄情绪呢？

1.选择合适的倾诉对象

在心中充满负面情绪、想要找人一吐为快时,一定要找准对象,否则不但倾诉的效果不佳,还容易泄露隐私,给自己惹来麻烦。

因此,心理学家建议我们最好找一位关系比较亲密的、有共同或类似经历的亲人或朋友,将其作为倾诉对象,这样对方更能感同身受,沟通也会更加顺畅、深入。

2.选择合适的倾诉时机

选择好倾诉对象后,还要注意倾诉的时机,切忌莽撞地向对方大倒苦水,那会显得非常突兀,也容易引起对方的反感。

正确的做法是先征求对方意见,看看对方有没有足够的时间、精力、耐心倾听我们的故事。得到对方的同意后,我们可以选择在氛围轻松的私密场合向对方倾诉,这样才能达到最好的宣泄情绪的效果。

3.选择合适的倾诉方式

在倾诉时,尽量不要用夸张的说法反复地描述自己的情绪感受,比如"我觉得难受死了""我烦闷极了,快要停止呼吸",这样的说法会让对方觉得很离谱,容易让对方产生厌烦和抗拒心理,无法再认真地倾听下去。

所以，我们在倾诉时一定要落实到具体的事件上，要把让自己感到情绪不佳的事情原原本本地讲清楚，使对方明白那些负面情绪的由来，从而更好地理解和接纳我们的负面情绪，并能够给出一些有参考价值的建议。

自我对话：跳出"我"的角度，尽情表达

在表达情绪时，有一些事情是我们不愿意对他人说出口的，或是我们知道即使告诉了他人也没有办法找到答案的。此时，我们可以借助自我对话来表达情绪。这是一种简单易行的自我调节方式，受到了众多心理学家的推崇，而且心理学家建议进行自我对话时应当跳出第一人称"我"的角度，尽量以第二人称、第三人称来与自己对话，效果会更加理想。

美国密歇根大学的心理学家伊桑·克洛斯曾经进行过这样的实验：他随机挑选了一些实验对象，用脑电图（EEG）监测他们的大脑活动，然后让他们尝试与自己对话。实验对象首先是用第一人称"我"来默默叙述自己的经历，表达自己的情绪。

之后，伊桑让实验对象用第二人称"你"和第三人称"他/她"来重新叙述同样的事情，表达同样的情绪。

结果他发现，使用第二人称和第三人称进行自我对话时，实验对象的大脑内侧前额皮层中显示了较少的脑活动。这说明此时实验对象的情绪状态是比较放松的，在回忆过去、组织语言时付出的认知努力也是较少的。

伊桑从这个实验中获得了不少启发，并开始使用这种方法表达和调节情绪。

有一次，他参加了一场超长距离的马拉松比赛，当他跑到半程时，觉得全身的力气都快消失了，脚底似乎也在发烫。

"我可能坚持不下去了，终点到底在哪里？我看不到一点希望，要不我就在这里停下吧……"他这样对自己说道，同时内心涌动着强烈的沮丧情绪。

但很快他想起了那个实验，于是马上变换角度，用第二人称进行自我对话。他对自己说："伊桑，你已经跑完半程了，能够坚持到这里的人不多，你得为自己感到自豪！如果你就这样灰溜溜地离去，不会觉得惋惜吗？难道你真的要做一个半途而废的懦夫吗？"

这番自我对话之后，他忽然感觉沮丧情绪消失了不少，身体似乎也没有之前那么疲惫，这让他可以继续坚持跑下去。

就这样，伊桑一路进行着自我对话，竟然跑到了终点。虽然他没有获得优异的名次，但那种完成了艰巨任务的成就感、自豪感是无与伦比的。

从伊桑的实验中,我们可以看到,自我对话可以成为一种强有力的情绪调节工具,它能够帮助我们表达和排解负面情绪,激发正面情绪,让我们不断改善自我表现,实现自我目标。

当然,这种自我对话应是积极的、具有鼓励性和自我指导性的,如果自我对话是消极的,反而会让自己变得更加沮丧、消沉。

也正是因为这样,心理学家才会建议我们跳出"我"的角度,用"你""他/她"来进行自我对话,这样可以帮助我们拉开一些与负面情绪的心理距离,同时能够让我们从更客观的角度看待问题,因而能够起到有效的情绪调节作用。

所以,当自我察觉情绪不佳时,我们可以按照以下步骤进行自我对话。

1.寻找恰当的时间和空间

我们应当在独处时进行自我对话,此时身边没有他人干扰,情绪状态是比较放松的。而且独处时我们不用在乎他人的眼光,可以尽情地说出藏在心底的话,自我对话的效果也会更加理想。

2.大胆表达,做最真实的自己

找到恰当的时间和空间后,我们就可以尽情地表达自己的情绪了。我们每个人都在社会生活中扮演着不同的角色,有时难免会给自己戴上面具,说一些违心的话,却将那个真实的自己深埋在心底,使自己真实的情绪受到了压抑。

所以，在自我对话时，我们一定要摘下面具，大胆说出内心真实的想法，把平时不敢表露的情绪全部表达出来，这会让自己有一种十分畅快的感觉。

3.给予自己肯定与鼓励

自我对话不是为了发泄，而是为了解决困扰我们的情绪问题。所以，我们在说出困扰自己的问题之后，还要从第二人称或第三人称的角度对自己进行鼓励和肯定。

比如，我们可以这样对自己说："你今天的工作表现很不理想，心中很沮丧，不过别担心，赶紧去找找效率低下的原因，相信你明天的状态肯定会很不错。"

像这样去自我对话，能够减少自我否定，增强自信心，也能让自己学会以积极的眼光看待世界，而不会总是陷入悲观和消极之中。

总之，在繁忙的工作、学习、生活之余，我们一定不能忽视给自己留下自我对话的时间。特别是在内心充满负面情绪时，一定不要强迫自己忍耐、压抑，而是可以稍微放慢节奏，来一场自我对话，让自己能够卸下重担，轻装上路。

小测试：你是一个善于表达情绪的人吗

以下这些与情绪表达有关的说法，你觉得哪些最符合自己的实际情况？请认真读题后做出选择，尽量不要选择中性答案B。

1.你知道自己在高兴时会有什么样的表情和动作吗？

A.知道　　　　B.不清楚　　　　C.不知道

2.你知道自己在生气时会有什么样的表情和动作吗？

A.知道　　　　B.不清楚　　　　C.不知道

3.你因获得意外奖励而感到激动、喜悦时，别人能够觉察你的情绪吗？

A.能　　　　　B.不清楚　　　　C.不能

4.跟同事或朋友一起外出时，他们能发现你对某些事物特别喜爱吗？

A.能　　　　　B.不清楚　　　　C.不能

5.在感觉烦恼时，你能够用清晰的语言描述自己的感受吗？

A.能　　　　　B.不清楚　　　　C.不能

6.当你向他人描述自己的情绪时，能觉察到自己的表达不恰当吗？

A.能　　　　　B.不清楚　　　　C.不能

7.你能否用言语向他人表达自己的情绪是悲伤还是忧伤的？

A.能　　　　　B.不清楚　　　　C.不能

8.你能否用适当的表情或动作来表达自己的喜、怒、哀、乐等情绪？

A.能　　　　　B.不清楚　　　　C.不能

9.和朋友在一起时，你的言谈举止能够引起他们的情绪共鸣吗？

A.能　　　　　B.不清楚　　　　C.不能

10.若你正在为工作忙碌,同事却一直找你聊天,让你感到非常烦躁,你能够恰当地表达情绪,却不会触怒对方吗?

A.能　　　　　B.不清楚　　　　　C.不能

11.在交往中,当对方在无意中说了一些让你感到不愉快的话语时,你能让他知道自己的不满,却又不会影响彼此的关系吗?

A.能　　　　　B.不清楚　　　　　C.不能

12.若你不小心做错了事,因为害怕受到责罚,把责任推给了别人,事后你能描述自己愧疚的心情吗?

A.能　　　　　B.不清楚　　　　　C.不能

13.你要乘坐飞机去外地参加重要会议,结果却遇到飞机晚点,你能描述自己的焦虑心情吗?

A.能　　　　　B.不清楚　　　　　C.不能

14.回顾过去遭受的失败和挫折,你能准确地描述当时的情绪吗?

A.能　　　　　B.不清楚　　　　　C.不能

15.在工作或生活中遇到了不公正的待遇,你能描述当时的愤怒情绪吗?

A.能　　　　　B.不清楚　　　　　C.不能

16.你如果要向他人表达情绪,在开口之前,心中会觉得紧张、恐惧吗?

A.会　　　　　B.不清楚　　　　　C.不会

17.你非常喜爱某人,觉得和他一起度过的时光非常快乐,你会将这种情绪描述给他听吗?

A.会　　　　　B.不清楚　　　　C.不会

18.你会经常与自己的亲人、好朋友交流自己的情绪吗？

A.会　　　　　B.偶尔会　　　　C.不会

19.你认为自己是一个善于表达情绪的人吗？

A.是　　　　　B.不清楚　　　　C.不是

20.你身边的人会对你说"我不知道该怎么了解你"吗？

A.会　　　　　B.偶尔会　　　　C.不会

评分标准：

以上各种说法选A得3分，选B得2分，选C得1分。

请将得分加总后进行判断。

1.总分在31分以下：情绪表达能力较差，即使能够觉察自己的情绪状态欠佳，也很少能够将感受说给他人听。平时习惯把问题都藏在心里，导致负面情绪过度堆积，到一定程度时，可引发情绪失控问题。

2.总分31~45分：情绪表达能力尚可，但有时对某些情绪不能准确理解，在向他人表达时可能会有些许顾虑，导致情绪表达不畅。平时需要多进行情绪表达训练，让自己能够为负面情绪及时找到出口。

3.总分46~60分：情绪表达能力较好，对自我情绪比较了解，能够有效地察觉、分辨自己的情绪，也能够用适当的方式进行表达，因而不会让自己陷入负面情绪太长时间。

第七章

摆脱情绪化思维，让心境恢复平和

非此即彼：别钻牛角尖

非此即彼是一种非常典型的情绪化思维方式，持这种思维方式的人，看待问题时只能看到绝对化的好与坏，却意识不到好、坏之间还会有过渡地带。

心理学家认为，这种思维形成的主要原因是人们有一种非常强烈的、情绪化的认知本能。这种本能会让人们采用简单、直观且情绪化的分析方法去看待人、事、物，由此就会形成二元对立的观点。比如，看电视或读小说时，只能武断地判断某个人是好人或坏人；与他人交往时，眼中只有自己喜欢的人，对自己看不惯的人则不屑一顾；做事情时，认为只有成功和失败两种结果。

一名高中生的成绩在班级里一直名列前茅，可就在高考前的一次模拟考中，他因为偶然因素发挥失常，分数很不理想，在班级中的排名严重下滑。

他无法接受这样的结果，尽管老师、家长都努力安慰他，可他却无法摆脱这样的思维："我实在是太愚蠢了，在模拟考中都表现得如此差劲，高考又怎能考出好成绩呢？"

就这样，他钻入了牛角尖，情绪也变得很不稳定，对即将到来的高考感到恐惧，有时还会突如其来地放声大哭，或是在家里发脾气、摔东西，让家人、老师都非常担心……

显然，困扰这名高中生的就是非此即彼的思维。在这种思维的影响下，他失去了正确分析问题的能力，只会根据表象得出简化的结论：我失败了＝我是愚蠢的＝我一定会再次失败。

可事实上，生活中很少会出现极端的非此即彼：没有人是绝对聪明或绝对愚蠢的，考试也不可能绝对得高分或绝对得低分，而且得低分并不代表一个人一无是处，因为它可以起到提示作用，指出学习上还存在疏漏，需要及时进行有针对性的查漏补缺。

非此即彼思维的可怕之处在于它会让人变得盲目、极端，看不到更多的可能性，所以会越来越悲观、绝望，严重时还可能引发焦虑症、抑郁症等情绪障碍。

不仅如此，非此即彼的思维方式还会让人变得态度消极、失去自信。就像这名高中生，他没有去分析自己考试失利的关键原因是什么就盲目地自我贬低，不但否定了自己过去取得的全部成绩，还认为个人的主观努力不会产生实际的用处，从而不停地打击自己，让自己失去了勇气和自信心。

之所以会出现这样的结果，也是因为他的阅历还非常有限，而且过去的一帆风顺让他产生了一种错觉，认为自己一定会取得成功，所以在遇到失败时才会产生如此巨大的心理落差。其实，他应当意识到有成功就有失败，有时即使付出了很大的努力，也不一定能够完全避免失败，但我们不能因此否定努力的意义，因为只有付出努力才有可能取得成功，不努力则只会一无所得。

而想要摆脱"非此即彼"思维，我们就要做好以下几点。

1.丰富自己的阅历，增长自己的见识

这可以帮我们认识到万事万物是丰富多彩、复杂多样的，不能用简单的对错、成败、美丑、好坏等字眼来评估和判断。

2.要承认和接受"世事无绝对"

在面对实际问题时，要做好充分的心理准备，要预先考虑到可能出现的错误、可能遭遇的失败，这样即使真的遇到不好的结果，也能保持心境坦然，不会无休止地贬低自己，让自己陷入痛苦的负面情绪中。

3.在评价自己和他人时，不要给出极端化的结论

比如，不能认为自己的见解就是绝对正确的，把和自己见解不同的人统一划入敌对的阵营，对他们产生愤怒情绪。

总之，好与坏、黑与白等都是相对的，我们应当尽早跳出非此即彼思维，才能让自己的头脑变得更加清晰，情绪、心态也才会变得更加平和。

"应该"思维：别把愿望当成应该实现的事情

容易被负面情绪困扰的人常常会有一种"应该"思维，他们习惯从理想的角度出发，总觉得自己或他人应该如何，但总是事与愿违，这样一来会给自己增添不必要的心理压力，并会引发失望、沮丧、愤怒等负面情绪。

23岁的杨乐乐在大学毕业后进入了一家电商公司工作，公司的同事都比较年轻，也很有活力。杨乐乐入职当天，很多同事看她是一个柔弱、可爱的小女生，对她都比较照顾。

有同事带她参观公司，还有同事帮她领来办公用品。主管对她也很热情，给她细细地介绍了工作流程，还告诉她有问题可以随时来询问。

同事如此友善，杨乐乐觉得非常开心，她想："我是个新人，又很讨人喜欢，大家对我好一点也是应该的。"

可她没有想到，公司里并不是所有人都那么好相处，像坐在她旁边的男同事王威就显得非常冷漠。她主动和王威打招呼，而王威却只是随口"嗯"了一声，没有任何攀谈的打算。

之后，杨乐乐在工作中遇到了一点小问题，便礼貌地向王威请教，可他却说："我手头还有任务，你找别人吧。"

杨乐乐碰了个钉子,心中不免有些生气。在吃午餐的时候,她忍不住向其他同事抱怨起来,可同事们都说王威虽然脾气不好,但业务能力非常过硬,还让杨乐乐向他多学习。

杨乐乐很不服气,心中忽然产生了不服输的念头,想要在工作上做出一番突出的业绩,超过王威,也让同事们刮目相看。然而她的想法虽好,在短时间内却难以实现,毕竟她和王威在经验上的差距悬殊。

她努力工作了一段时间,虽然获得了不少进步,但还是比不上王威。这让她感到十分沮丧、难过,连好好工作的心思都没有了。她每天都悄悄地关注着王威的表现,一旦发现他又做出了什么成绩,就会气愤、嫉妒不已……

杨乐乐心中充满了负面情绪,背后的根源就是"应该"思维,这种思维具有对外和对内两种指向。

杨乐乐认为同事们"应该"照顾自己,这就是一种指向外部的"应该"思维。持有这种思维的人会对他人有不合理的要求,觉得别人理所应当做到他们盼望的事情,而当别人拒绝这样做时,他们就会非常生气。

杨乐乐因为对王威不服气,产生了竞争心理,想要通过努力赶超王威,这种想法本来是具有积极意义的,能够促使她努力投入工作,发挥出较强的主观能动性。而当她坚持努力了一段时间,却没有看到自己盼望的结果时,指向内部的"应该"思维出现了:

她认为自己在努力后就"应该"超过王威,否则自己就是失败的、无用的。

这种对外、对内的"应该"思维,不但会阻碍自我发展,还会带来强烈的负面情绪,让自己陷入怨恨、愤怒、沮丧中难以自拔。

那么,"应该"思维是如何产生的呢?

心理学家认为,人们会有各种各样的愿望,很多人能够分清愿望与现实,当现实状况与愿望不一致的时候,他们能够坦然接受,不会产生强烈的失落感。

但像杨乐乐这样的人却将愿望当成了"应该"实现的事情,他们不顾主、客观因素的限制,一味强求事情按照自己期望的方向发展,一旦愿望落空,他们就会觉得难以忍受,并会产生消极情绪。

在现实生活中,类似这样的例子还有很多。比如,一位大学生认为自己颇有才华,毕业后"应该"马上获得一份薪水高、待遇好的体面工作,谁知在求职过程中却屡屡受挫。他没有思考其中的原因,却日日抱怨命运不公、怀才不遇,整个人变得越来越悲观、消沉。

又如一位母亲认为自己花费了大量的时间和精力教育孩子,所以孩子"应该"是聪明懂事、热爱学习的,然而孩子的表现却不如人意,不但学习成绩不好,还经常在外面闯祸。这位母亲没有反思自己的教育方法,而是将所有问题都归结为儿子"不争气"。她对孩子训斥、打骂,结果孩子变得更加叛逆,她也十分烦恼、痛苦。

这些被"应该"思维困扰的人都需要重新认识自己的"愿

望",要敢于承认愿望有实现不了的时候,不要刻意强求,更不能要求整个世界都按照他们的规则运转。

另外,有"应该"思维的人还要放低对他人和自己的要求。如果他人没有按照你希望的那样行事,或是你没能如愿实现某些目标,不要急着抱怨、难过,而是要静下心来分析原因,找到解决问题的方法,这样才能逃离"应该"思维的控制,也才能让不应有的负面情绪得到缓解。

习惯性自责:不要把所有错误都归罪于自己

相信很多人都有过自责的经历。他们在做错了事情,对他人造成了不好的影响时,内心深处常会产生自责的情绪。适度的自责可以督促我们及时反省、改正错误,有助于赢得他人的谅解。

可要是过度自责,或是习惯性地把一些无关的错误归因于自己,就会成为一种"自我攻击",它会引发懊悔、内疚、沮丧等负面情绪,严重时还会导致悲观绝望心理,会给自己造成巨大的痛苦。

20岁的永辉是一个特别容易内疚和自责的人,有时只是犯了一点无关痛痒的小错误,他都会难过、自责半天,而且还会不时地回想这件事,然后开始新一轮的自责、内疚。

这种情况始于他上高中时，一次，他壮起胆子向心仪已久的一名女同学表达了爱意，没想到却遭到了对方的拒绝。对方当时给出的理由是"要专心学习，迎接高考"，按说这样的说法非常委婉，也考虑到了永辉的自尊心，可他却不由自主地责怪起了自己，说自己追求对方是痴心妄想，自己过于鲁莽的行为一定给对方造成了很多困扰。

从那以后，他就养成了自责的习惯，有时事情没有按照自己预想的方向发展，或是在与他人相处时感受到了对方一点点的不满情绪，他就会开始懊恼、自责。

比如，和朋友一起吃饭时，因为永辉说错了一句话，造成了短暂的冷场，虽然气氛很快就恢复了正常，但永辉还是会陷入强烈的自责中，不停地责备自己"情商怎么这么低，连话都不会说"……

为了不再犯这种"低级错误"，永辉开始拒绝参加类似的聚会，即使不得不出席某些场合，他也会尽量少说话，免得再次出洋相。

习惯性自责让永辉成了自我的敌人，他不断地对自己进行贬低和批驳，认为自己什么都做不好。这种自责已经威胁到他对自身价值的正确衡量，让他极度怀疑自己的能力和价值。

可事实上，他并没有自己想象的那么差劲。自责让他变得过于敏感，常常将他人的态度和自己的表现直接挂钩，甚至故意挑剔自己身上的错误和毛病,这让他陷入了负面情绪中难以自拔。

对于永辉这样的习惯性自责者来说,在事情的发展不如自己的预期时,要学会一分为二地看问题。

1. 如果事情失败确实是自己导致的

此时产生适度的自责属于正常情况,因为不期而至的失败会降低自尊心、自信心,也会自然而然地引发挫折感、愧疚感。

我们要做的是控制好负面情绪,别让它们肆意蔓延;同时我们可以进行自我调节,让心态变得积极起来。比如,我们可以思考如何挽救目前的局面,并进一步思考下次如何避免犯类似的错误。这样我们就不会被自责拖入坏情绪的深渊,相反,我们能从适度的自责中获取自我完善、自我提升的动力。

2. 如果事情失败不是(或几乎不是)自己导致的

心理学家将这种情况称为"内部归因",属于基本归因偏差中的一种。内部归因会让人把事情发生的原因全部归结为个人的内在因素(包括能力、性格、心态等)。

比如,一个上班族失去了一次晋升的机会,他认为所有的问题都出在自己身上:工作态度不够认真、没有和同事搞好人际关系、性格不讨领导喜欢等。这种情况就是内部归因。

很显然,过度自责就是在内部归因的过程中产生的,它会造成长时间的低价值感,也会让各种负面情绪相继出现。如果不会自我调适，负面情绪不断堆积，迟早会让自己不堪重负。

因此，我们要矫正自己的归因方式，不能片面地将失败归咎于自己，而是要进行全面客观的分析，区分主观因素和客观因素，再分别进行认识和分析。这样既不会伤害到自己，也不会一味地怨天尤人，而是能够以坦然的心态看待问题，被负面情绪包裹的内心也会逐渐恢复平静。

情绪ABC理论：甩掉困扰你的不合理信念

在现实生活中，我们经常会发现不同的人对情绪的控制能力有很大的差异：有的人能够自如地控制负面情绪，让自己的情绪状态保持稳定；有的人却很容易丧失理智，会被激化的情绪轻易摆布。

美国心理学家埃利斯曾对此做过深入研究，并提出了情绪ABC理论。

在该理论中，"A"指的是让情绪发生变化的激发事件，而"B"指的是人们对于该事件进行认知和评价后产生的信念，"C"指的是由此引发的情绪和行为上的后果。

埃利斯认为，引发后果的其实不是激发事件，而是人们的信念。那些不善于控制情绪的人，正是因为信念发生了偏差，头脑被非理性信念占据，才会产生各种负面情绪，更有可能出现情绪失控的情况。

在下面这个案例中,我们可以清楚地看到情绪ABC理论具体是如何运作的。

陈东升和刘海洋在同一家公司工作,两人在午休时都喜欢用外卖软件订餐。这天中午,两人的午饭都没有及时送达,饿着肚子的刘海洋十分生气,一连给餐馆打了好几个电话,怒气冲冲地质问他们是怎么回事。

餐馆方面解释说:"骑手已经取走了饭菜,可能是在路上耽误了,请您耐心等待。"

但刘海洋就是不听,在他看来,自己付了钱,就应当得到满意的服务,而餐馆和骑手没有做到这一点,就是不负责任。于是他不断地打着电话,一会儿指责餐馆工作人员,一会儿谩骂骑手,骑手被他激怒了,和他在电话里争吵起来。刘海洋被盛怒冲昏了头脑,大吵大嚷起来,还扬言要投诉骑手,让骑手为自己的行为后悔。

刘海洋的情绪失控引起了同事们的注意,大家小声议论起来,都认为他这人过于计较,为了一点小事竟能气成这样。而刘海洋却没有意识到自己身上的问题,仍然在大吼大叫,十分激动。

和刘海洋比起来,陈东升的反应就显得非常平静了。他先给商家打了电话,得知饭菜已经被取走后,就没再打电话给骑手,而是坐下来给自己泡了杯咖啡,又拿起早餐剩下的饼干吃了起来。

同事问他:"你不着急吗?"陈东升笑着说:"着急也没用啊,我觉得骑手不是有意迟到的,他可能是遇到了什么问题。何况他正骑着车在路上飞驰,接打电话很不安全,我不想贸然影响他。"

同事点头称赞他:"你想得可真周到。"

陈东升笑着说:"不过是晚一点吃饭而已,没什么大不了的,没必要因为这样的小事影响自己的情绪。"

陈东升和刘海洋遇到了同样的问题,但刘海洋更加情绪化,容易被非理性信念影响,导致情绪失控;而陈东升的思维方式更加理性化,他会从正面、积极的角度去看问题,不让自己的情绪受到影响。

同样的案例在我们身边并不少见。比如,上级安排员工撰写设计方案,员工熬了几夜,将更改了无数次的方案上交后,上级却说:"客户有了新的想法,你的这份方案需要彻底修改。"这时,有的员工就会情绪失控,不停地抱怨上级故意为难自己,接着还会陷入痛苦情绪中,会对自己说:"为什么我会这么倒霉?""为什么我什么事情都干不好?"这就是"非理性信念"造成的消极后果。

可也有一些员工会这样想:"既然是客户要求如此,我就应当进行相应的修改,这是我的工作职责。我倒觉得这是一个锻炼自己的好机会，相信这个项目结束后，我的能力能够上升到一个新的台阶。"这类员工的情绪会变得非常积极，工作时也会更加主动，常常能够出色地完成任务。这就是理性信念带来的积极后果。

由此可见，想要控制负面情绪，避免情绪失控，就应当改变自己的非理性信念。那么，有哪些最常见的非理性信念是我们需要注意调整的呢？

1.对自己或他人提出必须达到的目标

你是否有过"我必须做到完美""孩子必须考100分"之类的想法？这样的想法是十分不合理的。事物发展有其客观规律，谁也无法保证事情的结果能够百分之百让自己满意，如果提出这样的要求却未能如愿，情绪就会大受影响。

因此，我们应当停止提出必须达到的目标，凡事不要追求必须怎样，可以用"希望如此""但愿会这样"的想法替代，这样即使结果不如人意，也不会让我们的内心受到强烈冲击，更不会让我们轻易陷入情绪失控中无法自拔。

2.把偶尔发生的事情当成常态，把片面的结论当成事实

偶尔发生的不如意的事情并不是生活的全部，我们不应因此滋生出强烈的沮丧、悲伤、绝望情绪。比如，被上级否定了一次，我们就认为自己一无是处、毫无价值，这种自我评价就是片面的、不准确的，而且很容易引发情绪失控。

又如，和人发生了一点小矛盾，就认为对方是故意为难我们，进而产生强烈的怨恨、愤怒、敌对情绪。

这些都是非理性信念造成的消极后果。要想改变这种后果，就需要我们调整认知，从多个角度看人看事，不要因为一件小事就妄下结论，而是要学会用全面的长远的眼光看问题。

3.进行悲剧性思考，把小问题看成大问题

有的人会将自己身上发生的不太好的小事无限放大，让自己陷入情绪失控中。比如，一次考试成绩不如意，就认为"我肯定考不上了，一切都完了"；在一次单位评级中被降级，就认为"我的人生被彻底毁掉了，以后都不可能再有什么好的发展了"。

这种悲剧性思考引发的后果是非常可怕的，它会让人陷入十分严重的绝望情绪中，并可能因此一蹶不振。更严重的是，经常进行这种思考的人还容易患上抑郁症，甚至会伤害自己来求得解脱。

因此，我们必须非常重视非理性信念这个问题，如果自己平时总是控制不住负面情绪，就要强迫自己停下来，用ABC理论分析一下遇到的事情，看看自己是不是产生了以上三种非理性信念。

如果答案是肯定的，就应当注意调整为理性信念，也就是人们常说的"凡事要往好处想"。很多时候，只是换一种想法，你就会发现事情并没有想象得那么糟糕，你的心态也会变得阳光起来，情绪会趋于平稳，不会动不动就陷入失控状态了。

❓ 小测试：你是否会经常陷入自动思维

你可以在网上搜索心理学家霍伦和肯德尔编制的自动思维问卷（ATQ），据此评估自己受自动思维影响的程度。

第八章

激发正面情绪,锻造强大的内心

愉快的情绪：幸福生活的本质

想要控制或缓解负面情绪，我们还需要正面情绪的帮助。正面情绪也叫积极情绪、正性情绪，是个体在目标实现的过程中取得进步或得到他人积极评价时产生的感受，如喜悦、满意、自豪、感激、希望、爱等都是我们最熟悉的正面情绪。

正面情绪会让我们感觉良好，还能够抑制或撤销负面情绪造成的不良影响，心理学家将这种作用称为正面情绪的"撤销效应"。

美国心理学家芭芭拉·弗雷德里克森曾经做过一组与"撤销效应"有关的实验。

芭芭拉和同事挑选了一些大学生作为实验对象。在第一个实验中，实验对象被要求发表一个即兴演讲，准备时间只有一分钟，演讲结束后还要接受老师的点评。

这是一个很有难度的任务，特别是对那些平时就有些内向、羞涩的实验对象来说，当众即兴演讲让他们感到很有压力，也让他们产生了比较强烈的焦虑、恐惧情绪，导致其血压升高、心跳加快。有几个学生还说自己胸闷、呼吸不畅、头晕，这些都是典型的焦虑情绪引发的生理反应。

芭芭拉马上安排了第二个实验,她让实验对象随机观看了四部影片。其中两部是风趣幽默的喜剧电影,一部是催人泪下的悲剧电影,还有一部是中性的剧情片。

电影播放完毕后,她和同事再次对这些实验对象进行了生理测试,发现观看喜剧电影(引发正面情绪)的对象心血管活动恢复到基线水平的速度是最快的,而观看悲剧电影(引发负面情绪)的对象恢复速度是最慢的。

芭芭拉的研究证明:负面情绪会造成消极的生理唤醒,即引发一系列不良生理反应,让人体生理活动暂时处于不平衡状态,而正面情绪却能够消除这些生理唤醒,并能促使生理活动恢复到正常的基线水平。

不仅如此,正面情绪还有促进身体康复、预防某些疾病的作用。研究发现,心态平和乐观、情绪积极的人诊断出冠心病、高血压、溃疡病的概率要低于那些心态悲观、情绪消极的人。而在罹患疾病之后,能够乐观看待疾病,情绪积极、心态健康的人恢复速度较快,病情复发的可能性较低。

正面情绪还可以帮我们消除负面情绪带来的不良影响,让我们重新找到幸福生活的本质。

1.提升主观幸福感

幸福感是一种什么样的感觉,很多人可能说不清楚,但处在正面情绪中时，我们会发现生活中处处都有幸福。比如，终于品尝到了自己心心念念的美食；在工作中做出了成绩，得到了领导的表扬；在地铁上感到疲惫时，他人体贴地为我们让座；看到自己的孩子蹒跚着走出了第一步……

类似的幸福就在我们的身边，但身陷负面情绪中时，我们看到什么都不会觉得满意、惊喜，因而常常会对幸福视若无睹，所以心理学家才会说这是一种主观幸福感——它来自我们的主观判断，当我们带着正面情绪去判断时，就会得出正面的结论，让自己的幸福感更加明显、强烈。

2.提升认知水平

心理学家发现，正面情绪能够拓宽我们的认知范围。比如，在接收到信息之后，带有正面情绪的人对信息持开放态度，会进行综合的思考，能够避免认知狭隘的问题；而带有负面情绪的人却会有选择地接受信息内容，在思考时也难免出现片面、肤浅的问题。

正面情绪还会使我们的反应适应当前任务的需要，促使我们进行灵活的、有创造性的思考，想出更多解决问题的对策，所以在一个组织中，情绪积极、心态乐观的人往往会表现得更加出色，也更容易为自己赢得晋升的机会。

3.提升抗压能力

在面对压力事件时，持有正面情绪的人会对该事件进行积极评价，也就是说，他们能够将目光转向当前正在发生或已经发生的事情的好的方面，并且会采取积极的措施去应对挑战，而不是逃避困难。这种应对压力的能力被心理学家称为"心理弹性"，心理弹性越高，就越是能够从压力和负面情绪体验中迅速地恢复平和的心态，并能够灵活地改变自我，更好地适应环境，而不是受困于环境。

正是因为正面情绪有如此重要的作用，我们更应当重视正面情绪，并要想办法激发正面情绪，使自己能够逐渐走出负面情绪的阴影，体验充实、愉悦、幸福的滋味。

激发自豪情绪，告别低自尊状态

在赢得比赛、获得晋升、受到嘉奖时，我们的心中往往会油然而生一种正面情绪——自豪。心理学家认为，自豪就是个体将成功事件或积极事件归因于个人能力或自我努力而产生的一种主观、积极的情绪体验。它是一种复杂情绪，与自我意识、人格发展有着非常密切的关系。早在婴幼儿时期，孩子就会为自己的行为引起的积极结果感到自豪；随着年龄增长，心理逐渐成熟，孩子对于自豪的识别能力也在不断增强，比如他们会有意地与他人进行比较，然后会因为自己的优秀特质多于他人而感到自豪。

那么，自豪情绪对我们有哪些积极的作用呢？

1. 引领自己告别低自尊

在生活中有一些低自尊者，他们习惯于贬低自己，认为自己处处都不如别人，很难将事情做好；在面对挑战时，他们往往会抱着"我必然会失败"的想法，在行动中不积极、不努力；当失败袭来时，他们又会更加自卑、沮丧、抑郁，由此形成恶性循环，使自尊心、自信心不断遭到侵蚀。

对于低自尊者来说，激发自豪情绪是非常重要的。他们需要全面地认识自我，接受自己身上存在的瑕疵，并要改变不合实际的自我评估模式，要通过自己每一个微小的进步和成功，从而激发自豪感，削弱或驱散负面情绪，让自己的心境发生明显的改变。

2. 促进积极思维和行为的产生

在取得自认为有意义、有价值的成就时，我们就会产生自豪感，此时我们会自然地从积极角度看待问题。比如，我们会认为自己之前采取的做事方法是有效的，付出的努力是值得的，今后想要取得更多成就，可以按照同样的方法继续付出努力。

在积极思维的驱动下，我们的态度会变得更加乐观，行为也会变得更加积极主动，即使面对有难度的挑战，我们也不会轻易退缩，而是会迎难而上，尝试去应对挑战、克服困难。这就是自豪情绪的神奇之处，它会让我们认为自己是有能力的，是有可能取得成功的，从而让我们表现出良好的状态。

不过，我们也应当注意到这样的事实：自豪的情绪必须适度，否则就会从自豪变成自负。

自负者与低自尊者正好相反，他们会过高地估计个人能力，同时又会贬低他人，把他人看得一无是处；一旦遭遇挫折，或是遭到了他人的批评，他们就会极力维护自尊，表现得心高气傲、固执己见，容易引发他人的不满。

英国哥伦比亚大学的两位心理学教授杰西卡和查德曾做过这样的研究：他们将110名心理学系的学生组织在一起，发给他们每人一张试卷，上面是一些人格测试题目。

在学生们完成测试后，两位教授收集了数据，进行了统计和分析，最后发现在自信项目上得分高的学生，平时自豪感、自信心、自尊心较强，行为积极、态度乐观，也有较好的人际关系；而在自负项目上得分高的学生，则表现出了明显的自恋、傲慢，甚至是"孤芳自赏"，他们在人际交往方面容易受挫，很少能够获得交心的朋友。

两位教授的研究提醒我们要正确学会识别和激发自豪情绪。在日常工作、学习和生活中，应当从客观的角度正视自己取得的成绩和面临的困难，同时合理地看待自己和他人的能力。此外，要将自豪情绪保持在适当的程度，推动自己积极地实现个人目标。

学会宽恕：让自己走出心灵的牢笼

心理学家建议我们，当我们的内心被愤怒、焦虑、恐惧、懊悔、自责、抑郁等负面情绪占据时，可以用"宽恕"来进行自我干预。

宽恕包括两个方面，一是宽宏大量，给予他人足够的容忍之心；二是原谅对方，不再计较、追究对方的过错。心理学家认为，正是宽恕让人们从愤怒、怨恨等负面情绪中解脱出来，不再渴望报复那些给予自己伤害的人。

33岁的何玉洁是家中的长女，她还有一个小自己三岁的弟弟。小时候，父母因为忙于做生意，无力照顾两个孩子，就将何玉洁送到了她姑妈家。上中学时，她在学校寄宿，除了节假日，很少能和父母见面。

何玉洁的学习成绩非常优秀，顺利地考上了重点高中、重点大学，毕业后也找到了一份理想的工作。可在她的内心深处，却对父母有很多怨恨情绪。

在她看来，父母是因为弟弟"抛弃"了自己，让自己没能享受到完整的父爱、母爱。每次她放假回家，看到弟弟和父母之间亲昵互动，就会感到很不开心，因为她和父母之间总像是有一层难以突破的隔膜，彼此之间的关系总是淡淡的，一点也不亲密。

她再也不想忍受这种感觉，索性减少回家的次数，平时也不怎么和父母、弟弟联系。可是有时候，她还是会不由自主地想起自己的童年，情绪也会变得很不好，严重时还会迁怒于身边的人。

幸好她的丈夫非常包容她，经常对她进行劝导。比如，当她抱怨父母没有陪伴自己度过童年时，丈夫就会帮她分析，让她注意到这样的事实：父母虽不完美，但毕竟为她的成长付出了不少心血，送她去姑妈家也是因为大城市里学校的师资力量更加雄厚，可以让她接受更好的教育。而在她参加中考、高考的那段时间，父母更是四处奔走，还亲自帮她布置宿舍，花了很多心思……

在丈夫的开解下，何玉洁逐渐认识到了父母的不易，也开始尝试接纳父母和弟弟，不再为过去的事情苦苦纠结。后来，她还在丈夫的鼓励下，主动邀请父母、弟弟吃饭。她态度的改变让父母非常惊喜，一家人在饭桌上热情交谈，彼此亲近了不少，何玉洁也有一种获得解脱的感觉，心中轻松了许多。

何玉洁认为父母没有好好照顾自己，还觉得父母偏心弟弟，因而对父母充满了怨恨和愤怒情绪，而这些负面情绪已经对她造成了不好的影响。好在她丈夫不停地开导，使她改变了对这件事情的认知，进而能够从思想层面宽恕和接纳父母。在宽恕他人的同时，她也为自己赢得了摆脱负面情绪的机会，实现了自我心理救赎。

这个案例体现出了宽恕的真正意义：在宽容、饶恕他人的同时，我们也能够获得自我的释放，缓解负面情绪，让心理状态恢复健康平稳。

不过，宽恕别人并不是一件容易做到的事情，有很多人长期受困于怨恨、愤怒之中，他们明知这是在用他人的过错惩罚自己，却始终无法释怀。

那么，我们如何才能学会宽恕呢？心理学家建议我们可以按照如下的步骤去宽恕他人，调节情绪。

1.进入心理静默状态

要想学会宽恕，我们可以先让自己有独处的机会，再布置好不被打扰的环境，让自己的身心保持平静，然后尽可能地清空脑海中纷繁杂乱的想法。当我们进入心理静默状态时，在看待问题时思路会更加清晰，角度会更加全面，很有可能想到之前被自己忽略的一些细节。

2.释放自己的伤痛

我们可以冷静地回顾那些让自己感觉受到伤害的事情。在这个过程中，我们可以像剥洋葱一样进行自我探寻，将那些自己无法接受的事情一层一层地剥开，让伤痛一层一层地释放。

比如，案例中的何玉洁就可以进行下面的自问自答。

问："看到父母和弟弟亲密互动时，我的心情是怎样的？"

答："会很伤心，感觉自己不如弟弟受人宠爱，也会很自卑，很生气。"

问："我希望怎么和父母相处？"

答："我希望父母也能用专注的目光看着我，疼爱我，赞美我。"

问："我没有得到满足的需求到底是什么？"

答："我需要被爱，需要得到父母的肯定。"

问："爱和肯定一定要靠别人施与吗？积极的自我寻找能够帮我获得真爱吗？"

……

像这样层层剖析，可以帮我们找到负面情绪的主要来源，也能够调节我们的情绪状态，使我们能够变得积极起来。

3.对宽恕对象进行客观描述

当我们对某些人产生愤怒、怨恨等负面情绪时，往往会在脑海中把他们描述成十分恶劣的形象，而这无疑会让我们心中的恨意不断升级。

其实这种描述是失真的，并没有反映出对象的全部特征，是不够客观的。要想学会宽恕，就要改变这种描述方法，代之以客观的描述：在看到对方坏处的同时也要寻找亮点，比如他的性格特点、行为模式有哪些值得赞许的地方，他曾经做过什么样的好事。这样去描述对方，我们才能看到一个鲜活、立体的形象，而不是一个十恶不赦、无法被宽恕的恶人。

4.接纳对方，释放自己

经过了上述几个步骤后，我们可以试着宽恕对方。心理学家建议我们先私下做一份"宽恕声明"，即在纸上写下清晰的文字："我现在宣布宽恕××。我不会再让过去的事情影响自己的情绪和生活，我将投入全新的生活。"

我们可以将这张声明贴在显眼的地方，经常大声朗读，对自己进行心理暗示，让自己能够更好地接受宽恕对方这件事。

当我们感觉在心理上做好了准备后，就可以与对方联系，当面宽恕他们，使过去的积怨得到化解。这样，我们自己也会有一种如释重负的感觉。

需要注意的是，宽恕并不是要勉强自己委曲求全，也不必非得和宽恕对象建立亲密关系。宽恕的根本目的是自我拯救和释放，我们必须始终牢记这一点，才能在宽恕之后找到内心久违的平静。

树立感恩心理，从最简单的生活中发现乐趣

感恩，是意识到自身获得了他人的帮助、关爱、呵护等，从而产生的一种想要感谢对方的心理活动。

美国杜克大学的生物心理学家杜雷思沃密教授认为,感恩心理对激发正面情绪、对抗消极情绪非常有效。

因为在产生了感恩心理后,人们的情绪会变得愉悦、满足,促使大脑加速释放多巴胺、催产素等化学物质,它们能让人感觉放松,可以缓解焦虑、沮丧、抑郁情绪,还能让人们感到快乐、安宁。

杜雷思沃密教授曾经做过一个有趣的实验,证明了感恩心理的积极作用。

杜雷思沃密教授随机挑选了若干名研究对象,他们有男有女,年龄有大有小,日常从事的工作也不一样。

征得了研究对象的同意后,教授将他们分成人数相等的四组,并告诉前三组的每组人员在每天晚上临睡前必须做同一件事情。

第一组要做的是拿出一张白纸,写下至少5件值得自己感恩的事情,哪怕是那些最微小的事情也可以记录下来,多多益善。

第二组要做的事情与第一组相反——每天要在白纸上写下至少5件让自己觉得糟糕的事情,同样要不分事情大小,尽可能多做记录。

第三组每天要写下至少5件自己比他人强的事情。

第四组人员是对照组,他们可以什么都不记录。

经过一段时间后,教授和助手分别对这些研究对象进行了面对面沟通和情绪测试,发现与其他各组相比,第一组人员的心态最为乐观,情绪最为稳定、愉快,也能够建立较好的人际关系,在工作、学习中更容易达成目标;而第二组人员的情绪情况则最糟糕……

这个实验中第一组人员的做法值得我们效仿。想要改善情绪状态,不妨试着每天写一些值得自己感恩的事情,这样做虽然会花费一些时间,但坚持下去,我们就能在自己身上发现不少可喜的变化。

不过,有的人也许会说:"我的人生非常糟糕,经常遭遇挫折和不公平的待遇,实在想不出有什么人或事情值得感恩。"其实,是这类人习惯把自己当成受害者,以戒备的心理和偏颇的眼光看待问题,导致自己看不到人生中很多美好的细节;如果他们能够摆脱受害者心理,以感激、欣赏的态度去看待过去经历的种种,就不难找到值得感恩的事。

1. 从成长经历中找到值得感恩的事

我们不妨回溯记忆,在成长的过程中寻找让自己感到愉快的往事,如父母是如何呵护和照料我们的,老师是如何指导和教育我们的,同学是如何帮助我们的,亲戚朋友是如何关心我们的,陌生人是如何带给我们惊喜的,等等。

每个人的生命中肯定都有过这样的美好细节，只是自己没有太过留意，才将它们遗忘在了记忆的海洋中，而现在我们要做的就是将它们搜寻出来，让自己从中汲取幸福和温暖。

2. 从日常生活中找到值得感恩的事

我们不但要为过去感恩，还要为现在感恩，要学会珍惜当下拥有的一切，并要为此常怀感激之情。

生活中值得感恩的事其实很多。当我们身体不舒服时，伴侣给予细心的照料；当我们感到疲惫时，孩子帮我们捶背、揉肩；当我们遇到难处时，好心的邻居给予及时的帮助……这些生活中的小细节都值得我们留意。比起挑剔他人的不足和缺点，关注生活的积极面会为我们带来更多的快乐和幸福。

3. 从工作中找到值得感恩的事

工作中能否找到值得感恩的事情呢？答案是肯定的。只不过很多人将自己职位的提升、财富的增长、成就的获得完全归于个人的努力，却忽略了同事、领导、下属的通力配合，因此才导致了感恩心理的缺失。

事实上，没有人能够凭借自己的单打独斗做到一切事情，我们应当改变自己成就归因的角度，不要只看到内在因素，也要多考虑外在因素在解决问题时的重要作用。比如领导给予了哪些指导，让我们找到了办事方向；同事提供了哪些信息，帮助我们提升了工作效率；下属遵循了哪些指示，让事情得以顺利进行……凡此种种都是值得我们感恩的，可以让我们减少很多抱怨、不满情绪，能够以更加平和的心态应对工作。

4. 从自身找到值得感恩的地方

在感恩别人之余，我们也不要忘记感恩自己，而这一点常常被很多人忽视了。人们总是习惯性地给自己设置过高的目标，或是用过于完美的标准要求自己，之后难免会陷入自我批判甚至自我贬低。

我们应当学会看到自己的进步和成长，感恩自己的努力和付出，成为自己最好的朋友和最忠实的支持者。

值得感恩的事情就在我们身边，我们要善于发现，找到它们，向它们表示真诚的感谢。

感恩的方式有很多种，如我们可以在内心为过去发生的事情默默表达感激之情，也可以当面向一些值得感恩的人真诚地说一声"谢谢"，还可以用一些有纪念意义的小礼物来回馈对方，当然，我们也可以为对方做一些力所能及的事情，这也是一种感恩的形式。

无论我们采用何种方式感恩，都应当注意坚持做下去，以便让感恩成为一种习惯。

希望效应：相信阳光一定会驱散阴影

说起希望，很多人可能会认为那是一种虚无缥缈的东西。可是在心理学家的眼中，希望却是一种强大的精神力量，也是一种积极的动机性状态，能够推动个体坚定地沿着特定的路径，追求自己梦寐以求的目标。

心理学家查尔斯·辛德对希望是这样定义的：希望是个体追求目标时拥有的精神能量和路径能量的总和。

这在大量的观察研究中得到了证明：那些对未来抱有希望的人，会表现得情绪愉快、精神焕发、精力旺盛、充满能量；而那些对未来不抱希望或是感到绝望的人，则表现得情绪沮丧、萎靡不振、欠缺精力，甚至有可能引发抑郁症。

希望的力量有多强大？让我们来看一个真实的案例。

1920年，德国的一位心理学家林德曼准备挑战一个看似不可能完成的任务——依靠一条狭窄的小船横渡大西洋。

在他之前，有不少人进行过同样的尝试，但无一例外都失败了。所以，当林德曼发出宣言后，没有人看好他，反倒觉得他愚蠢轻狂。

事实上，林德曼只是想通过自己的努力证明一个道理：只要对成功抱有强烈的希望，就能够展现出强大的精神力量，可以让自己保持健康，并能够战胜一切困苦。

在人们的质疑中，林德曼驾着小船出发了，其间他遭遇了常人无法想象的困难：桅杆被巨浪打断，小船险些倾覆；携带的食物吃完了，不得不艰难地捕鱼充饥；疲惫、饥饿不停地折磨着他，让他变得十分虚弱，肢体常常产生麻木感……

"我可能要失败了，或许我会葬身在这茫茫大海中……"他的脑海中突然出现了这个念头，可就在这时，他及时找回了理智，狠狠地责怪自己是个懦夫。

之后他不停地对自己说："海岸线就在前方，我一定能够坚持到成功的那一刻。"

就这样，在出发72天后，林德曼终于看到了海岸线，完成了仅靠一条狭窄的小船横渡大西洋的壮举。不过他并不想借此炫耀自己的勇气，而是想要告诉大家：在危险的情境中，只有时刻拥有希望，精神才不会崩溃，意志力才会变得顽强，身体才能承受住痛苦的折磨，最终才能够战胜困难并存活下来。

心理学家将希望称为"人类能够生存的根本欲望"是很有道理的。在生活中，有些人终日浑浑噩噩、毫无活力，有的人甚至会采取极端行为，早早结束了自己的生命，他们大多是因为对未来失去了希望，心中充满了痛苦、悲伤、绝望等负面情绪，才会将生存看成一种煎熬。

相反，那些对未来充满希望的人，即使身处艰难的环境之中，也会显得信心百倍、生气勃勃，他们心中充满了快乐、喜悦、满足等正面情绪，这会让他们发挥出潜力，主观能动地提升自我、改造环境，从而能够不断改善自己的生存质量，这就是心理学家所说的希望效应。

那么，我们应当如何利用希望效应进行自我心理和情绪的调节呢？

1.确立适当的目标

美国马里兰大学心理学教授爱德温·洛克曾提出过目标设定理论，在他看来，人们希望实现的目标本身就有激励作用，它能把个人的需要转化为动机，使人们向着自己希望的方向努力，并能够将自己行为的结果与希望的目标相对照，从而及时调整和修正，以提升目标实现的可能。

为了更好地发挥希望效应，我们首先应当设定一个明确的、具有挑战性的目标，而这至少包括以下三方面的工作。

一是清楚地定义目标。明确的目标具有更强的导向性，而这需要我们明确目标的内容及达成的标准、时间等细节。

二是设定合理的难度。目标应当具有一定的挑战性，才能够更好地激发我们的潜力，并能够带给我们愉悦等正面情绪；但目标的难度又不能超过我们能力范围太多，否则目标无法达成，会让我们产生挫败感和沮丧情绪，反而不利于情绪稳定和心理健康。

三是设定反馈机制。仅有目标是不够的，我们还应设置合理的反馈机制，即每完成一阶段的任务可以获得某种奖赏，这能够让我们获得成就感和满足感，有助于提升实现目标的积极性。

2.有意识地锻炼克服困难的意志力

我们的意志力具有十分惊人的力量，可以帮助我们克服一切困难，使我们无限接近心中的目标。

不过意志力的培养不是一天两天就能完成的，而是一个长期的过程，需要我们付出极大的耐心和努力。

为此，我们可以尝试从一件简单的事开始，坚持每天去做，直到养成习惯。在此过程中无论遇到什么样的困难，都要说服自己继续做下去。

如果能够坚持做这件事两个月以上，就可以增加新的任务，并可以适当提升任务的难度，像这样由少到多、由易到难稳步进行，就能够让自己的意志力获得锻炼，今后在遇到困难时也能够依靠意志力突破难关，取得胜利。

3.寻求达到目标的途径和策略

在设定目标、锻炼意志力之余，我们也不能忽略了寻找策略的工作。好的策略能够提升我们实现希望的可能，也能够提振我们的信心和勇气，使我们以更加乐观的心态面对工作和生活。

为此，我们可以从以下几点不断努力。

首先，扩大自己的知识面，丰富实践经验。这会提升我们的思考能力，帮助我们从事物的不同方面进行全面、深入的思考，有助于找出更加有效的策略。

其次，做出明确的可以衡量的计划，让自己的每一步行动都不会偏离目标太远。

再次，坚持定期记录并总结，根据自己行动的实际效果考虑要不要调整目标。

最后，如果追逐希望的行动受阻或失败，我们可不能急着打击自己的信心，而是要学习林德曼，用希望鼓励自己振作起来，找出失败的原因，想出解决问题的对策。

希望会驱散我们心头的阴影，代之以积极、正面的情绪，使我们能够从中汲取力量。

利用反向调节法，走出逆境心理

在人生的道路上，没有人能够永远一帆风顺，不会遇到任何挫折、逆境。在受到主、客观因素的阻挠或干扰时，我们预期的目标难以实现，需求得不到满足，就会自然而然地产生失望、痛苦、沮丧、烦恼、焦虑、悲伤、抑郁、愤怒等负面情绪，严重时会出现情绪失控问题。这种心理现象被称为"逆境心理"，其主要表现就是各种让人难以摆脱的负面情绪。

那么，我们该如何走出逆境心理，让自己沉重的心情得到解脱呢？

心理学家提供了一种非常有效的方法，即反向调节法。它的原理非常简单，就是让我们试着从相反的方向思考同样的问题，从而得出完全相反的结论。这会帮我们打开心结，战胜逆境，让心理和情绪发生良性变化。

不妨想象一下这样的情景：清晨，你从咖啡馆买了一杯最喜欢的咖啡，准备带到公司喝。谁知还没走出咖啡馆的大门，你就不小心滑了一下，人虽然没有摔倒，咖啡却掉在了地上，洒了一地。

此时你的情绪会是什么样的呢？大多数人在遇到这种突发逆境时，会产生不同程度的惋惜、懊悔、沮丧情绪，有的人还会产生愤怒情绪，会责怪自己为什么这么不小心。

之所以会产生这些负面情绪，是因为你的脑海中出现了"我不应该打翻咖啡""我真笨，什么都做不好"之类的想法。想要驱走负面情绪，你就要用到反向调节法，从完全相反的角度看待"洒了咖啡"这件事。

比如，我们可以默默地对自己说："最近我喝了太多咖啡，晚上睡眠不太好，或许今天我应该少喝一些，那就从取消清晨的这一杯咖啡做起吧……"

从积极的角度解读原本"不好"的突发事件，会让你有一种释然的感觉，不会再执着于这件事，以致陷入负面情绪不能自拔。

同样的道理，在工作、学习、生活中遇到困难、挫折，情绪十分低落时，我们也可以用反向调节法极力从不良事件中挖掘出积极的因素和有利的条件，再进一步采取具体的行动，让自己从负面情绪中解脱出来。

1.控制住非理性情绪

在遇到意想不到的挫折时，人们往往来不及思考，便会立刻产生一些非理性情绪，并有可能在这些情绪的影响下，做出不理智的事情来。

比如，在尊严被别人伤害时，就会产生愤怒情绪，让自己进入"意识狭窄"状态，不能清醒地做出选择，并一时冲动造成不可收拾的局面。

此时的愤怒情绪就是非理性的，我们一定不能任其控制自己的心智。不妨先给自己一个冷静下来的机会，如强迫自己数数字、深呼吸，或是离开现场。

等到非理性情绪有所减弱时，我们就可以尝试进行反向调节，对这件事情进行截然相反的描述。比如："同事刚才说我'做事不动脑'，这听上去确实让人气愤，可他说的毕竟是事实。因为我在进行项目安排时没有仔细思考，导致在执行中出现了不该有的问题，这的确是我的责任，我需要认真反思。不过我不能接受他说话的方式，这是不尊重人的说法，我可以要求他道歉，但不能辱骂、攻击他。"

经过了这样一番自我调节后，愤怒情绪会有所减轻，思维也会重归理性，不至于出现情绪失控的情况。

2.坦然面对缺陷

在身处逆境时，人们还容易陷入自责情绪中，这是因为人们把一切问题都归罪于自己。这类人一般有较强的完美主义倾向，在潜意识中希望自己把每一件事情都做到完美无缺，但由于主、客观因素的限制，事事完美显然是不可能的。

此时为了避免让自己陷入逆境心理，出现各种负面情绪，就应当用反向调节法来自救。

有一位研究陶瓷膜的工程师为了改进配方，曾经做过上千次实验，但结果都失败了。换了别人，肯定会承受不了这样的反复受挫，可这位工程师却对自己说："虽然这次实验没有取得理想的结果，但我又排除了一种不合适的配料，这也是一种进展。"就这样，他一边调节情绪，一边坚持做实验，尝试了能够找到的所有配料，终于用三年的时间研制出了国际领先水平的新型陶瓷膜。

这位工程师的成功告诉我们，不要过于在意人生中的不完美，如果在某一处遇到了瓶颈、陷入了逆境，也要学会从相反的方向出发去思考。

在思路发生变化后，问题的性质也会发生改变，不会再像之前那样让人无法接受，而我们的情绪也会转忧为喜，从而能够更加坦然地面对眼前的一切，更有可能于"山穷水尽"时发现"柳暗花明又一村"。

小测试：你的情绪积极率是多少

在刚刚过去的24小时里，你有什么样的情绪感受？请根据自己的实际情况完成以下题目（每一道题目都包含三种具有重要相似性的情绪，请你在认真回顾、仔细分辨后做出选择）。

1.你感觉到好玩、有趣或好笑了吗？

A.一点都没有　　B.有一点　　C.中等

D.很多　　E.非常多

2.你感觉到生气、愤怒或懊恼了吗？

A.一点都没有　　B.有一点　　C.中等

D.很多　　E.非常多

3.你感觉到羞愧、屈辱或丢脸了吗？

A.一点都没有　　B.有一点　　C.中等

D.很多　　E.非常多

4.你感觉到敬佩、惊奇或叹为观止了吗？

A.一点都没有　　B.有一点　　C.中等

D.很多　　E.非常多

5.你感觉到轻蔑、藐视或鄙夷了吗？

A.一点都没有　　B.有一点　　C.中等

D.很多　　E.非常多

6.你感觉到反感、讨厌或厌恶了吗?

A.一点都没有　　　B.有一点　　　C.中等

D.很多　　　　　　E.非常多

7.你感觉到尴尬、难为情或羞愧了吗?

A.一点都没有　　　B.有一点　　　C.中等

D.很多　　　　　　E.非常多

8.你感觉到感激、赞赏或感恩了吗?

A.一点都没有　　　B.有一点　　　C.中等

D.很多　　　　　　E.非常多

9.你感觉到内疚、忏悔或应受谴责了吗?

A.一点都没有　　　B.有一点　　　C.中等

D.很多　　　　　　E.非常多

10你感觉到仇恨、不信任或怀疑了吗?

A.一点都没有　　　B.有一点　　　C.中等

D.很多　　　　　　E.非常多

11.你感觉到希望、乐观或备受鼓舞了吗?

A.一点都没有　　　B.有一点　　　C.中等

D.很多　　　　　　E.非常多

12.你感觉到激励、振奋或兴高采烈了吗?

A.一点都没有　　　B.有一点　　　C.中等

D.很多　　　　　　E.非常多

13.你感觉到有兴趣、好奇或被吸引注意了吗?

A.一点都没有　　　　　　B.有一点　　　　　　C.中等

D.很多　　　　　　　　　E.非常多

14.你感觉到快乐、高兴或幸福了吗?

A.一点都没有　　　　　　B.有一点　　　　　　C.中等

D.很多　　　　　　　　　E.非常多

15.你感觉到爱、亲密感或信任了吗?

A.一点都没有　　　　　　B.有一点　　　　　　C.中等

D.很多　　　　　　　　　E.非常多

16.你感觉到自豪、自信或自我肯定了吗?

A.一点都没有　　　　　　B.有一点　　　　　　C.中等

D.很多　　　　　　　　　E.非常多

17.你感觉到悲伤、消沉或不幸了吗?

A.一点都没有　　　　　　B.有一点　　　　　　C.中等

D.很多　　　　　　　　　E.非常多

18.你感觉到恐惧、害怕或担心了吗?

A.一点都没有　　　　　　B.有一点　　　　　　C.中等

D.很多　　　　　　　　　E.非常多

19.你感觉到宁静、满足或平和了吗?

A.一点都没有　　　　　　B.有一点　　　　　　C.中等

D.很多　　　　　　　　　E.非常多

20.你感觉到压力、紧张或不堪重负了吗?

A.一点都没有　　　　　　B.有一点　　　　　　C.中等

D.很多　　　　　　E.非常多

评分标准：

以上各题选A得0分，选B得1分，选C得2分，选D得3分，选E得4分。

计算正面情绪（积极情绪）项目总分：将1、4、8、11、12、13、14、15、16、19题的得分加总。

计算负面情绪（消极情绪）项目总分：将2、3、5、6、7、9、10、17、18、20题的得分加总。

将积极情绪得分除以消极情绪得分（若消极情绪得分为0，可以用1来代替），获得的结果就是情绪积极率。

1.积极率小于3：属于心理失调状态。个体的内心充斥着负面情绪，又不善于激发正面情绪，自我感觉非常痛苦，工作、学习和人际关系都会受到不良影响。

2.积极率在3到11之间：属于心理成熟状态。个体能够较好地管理和控制情绪，不会让自己长时间陷入负面情绪中，在感到心情不好时，也能够及时采取措施，激发正面情绪，因而会显得情绪积极、精神振奋，在工作、学习中也会有较好的表现。

3.积极率大于11：心理成熟水平不再明显提升，有时甚至会出现病态的情绪高涨状态（即欣快症），表现为高度夸张或极度亢奋的快乐感、幸福感，但同时又会出现对人对事漠不关心、注意力低下、思维扭曲等多种问题。由此可见，积极率并非越高越好。

第九章

提高情商，成为情绪的主人

情商：自我情绪管理的能力指数

在社会生活中，经常有人会被他人评价为情商低或情商高。那么，你有没有想过情商到底是什么呢？

其实，情商的全称是"情绪商数"（emotional quotient）。它是个体自我情绪管理的能力指数。那些被认为具有高情商的人往往很善于识别、管理自己的情绪，他们的情绪生活丰富，但又不会逾矩。在独处时，他们不会让自己长时间陷入负面情绪中，也很少会出现情绪失控的问题；而在与人交往时，他们会表现得乐观、积极，并会用良性情绪影响他人，使他人有一种如沐春风的感觉。

情商低的人则完全相反，他们不但不善于掌控自己的情绪，还经常不顾他人的情绪说话或做事，因而很容易招来他人的反感。无怪乎有人会说，与情商低的人相处不啻一种折磨。

42岁的李想跳槽来到了某公司担任销售总监，富有经验和魄力的他对团队进行了大刀阔斧的改革，在较短的时间内提升了团队业绩，也赢得了领导、同事的认可。

然而，李想在团队中的时间越长，他身上的问题就暴露得越明显。下属发现他特别不擅于控制情绪，总是因为一点小事就对大家发火，而且沟通时也不顾及下属的人格尊严，常常会说一些伤害对方的话。

有一次，李想因为开发市场的新计划受挫，被上级领导不轻不重地批评了几句。这本是一件十分正常的事情，李想却觉得十分沮丧、难受。一回到部门，他又是发脾气，又是摔东西，把自己的负面情绪传递给了所有人，让全部门的员工都感到很不舒服。

还有一次，在公司开会时，因为财务部的主管和他有一些不同意见，他就当场发作，将对方批驳得体无完肤，也让会场氛围变得十分尴尬。财务主管很有涵养，主动退让说会后再讨论这个问题，哪知道李想却不肯就此结束，仍然不依不饶地指责对方。最后领导不得不亲自干预，才让李想停止指责。可在领导和同事的心中，李想已经和"狂妄""无礼""没素质"等负面评价画上了等号……

李想就是职场中最让人感到头疼的低情商者，他们往往对自己身上的问题一无所知，也不善于进行反思，说话做事全凭自己的情绪推动，表现得急躁、易怒、受不了打击。在他人看来，低情商者是不成熟的、情绪化的，他们在社会交往方面存在很多困难，无法和同事达成良好合作。在一个团队中时间长了，他们就会有被孤立、被排斥的感觉，做事也会有被处处掣肘的感觉。

也正是因为这样，低情商者往往更难实现自己的人生目标，也更难拥有健康的人际关系。那么，他们应当怎么做才能逐渐提高自己的情商呢？

对此，被誉为"情商之父"的丹尼尔·戈尔曼给出了五条建议。

1. 提升自我觉察能力

当情绪发生变化时，我们应当及时觉察，知道自己正处于什么样的情绪状态，知道是什么原因让自己进入了这种状态，这样才能够采取相应的措施，避免出现情绪失控问题。因此，我们平时要学会观察和审视自己的内心，以便发现情绪的微妙变化。

当然，能够做到这一点并不容易。戈尔曼教授发现很多人会根据直觉迅速得出结论，说自己正处于何种情绪中，但这样的答案不一定客观。所以我们在判断时不能过于心急，最好能够仔细回顾自己近期的生活状态，能得出比较准确的结论。

2. 提升情绪能力

我们还应当调节、引导、控制、改善自己的情绪，让自己成为情绪的主人，而不会总是被情绪掌控。当焦虑、烦躁、沮丧、愤怒等负面情绪出现时，我们要及时干预，如改变错误的思维模式，从源头阻止负面情绪继续滋生或向他人蔓延。

3.提升自我激励能力

这里所说的激励与我们熟悉的物质激励不同,是指要发挥情绪的积极作用,让自己能够受到强大的精神方面的激励。

为此,我们可以从设定可视化目标开始,激发自己对目标的渴望,并可以设置相应的精神方面的回报,让自己能够产生愉悦、满足、自豪等正面情绪,从而能够调动专注力,提振精力和活力,坚定地朝着目标前进。

4.提升识别他人情绪的能力

我们要根据他人的语言、行为、表情等多种信号,敏感地捕捉他们的情绪变化,并通过共情来透视他们的需求与欲望,从而更好地与他人进行沟通和交往。

5.提升处理人际关系的能力

最后,我们还要学一些维系人际关系的技巧,如交谈的技巧、倾听的技巧、赞美的技巧、说服的技巧等。这样在与他人相处时,我们就能更好地理解他人的情绪,并顺势进行引导,使他们愿意接受我们提出的意见或建议,并对我们产生强烈的好感,这对我们构建融洽而和谐的人际关系、达成自己的各项目标是非常有帮助的。

重塑自我意象，变消极为积极

要想成为一个真正拥有高情商的人，我们必须从重塑自我意象、培养自我意识入手。只有更好地认知和理解自己，识别自己与他人的关系，认清自己的需要、动机和角色，才能准确地对情绪进行归因，并能够识别和管理好自己的情绪。

那么，什么是自我意象呢？你可以将它理解为自己在内心深处描绘的精神蓝图，也可以称其为"心象"，它是在自我意识的基础上形成的。

我们在过去有过什么样的成长经历，遇到过什么样的成功和失败，产生过什么样的感受，他人对我们有什么样的态度，都会对自我意象有所影响，而我们的举止、行为、态度、情绪感受则会不知不觉地与这种自我意象相符。

19岁的文慧是一名大一新生，她身材匀称、长相清秀，在生活中没有遇到过什么烦心事，可她却总是情绪低落、郁郁寡欢。无论是在宿舍里，还是在班级中，她都不善于和他人相处，入校两个月来，她却没有交到一个新朋友。

文慧之所以如此，是因为她对自己的外貌不满意。早在上初中的时候，班里有男生用开玩笑的语气说她"长得难看"，她揽镜自照，也觉得非常失望。从那以后，长相就成了困扰她的执念，有时一照完镜子，心中就会非常沮丧、生气，有时控制不住情绪，还会向父母发脾气、摔东西。

父母对她进行了劝说教育，并没有让她改变想法。高考结束后，她一度萌生了整容的念头，父母得知后，十分反对，还狠狠地批评了她，可这反而加重了她对"外貌问题"的执念，总觉得人们都在用不屑的目光打量自己，还在背后说自己长得丑。

在这种情况下，她变得很不自信，不喜欢去人多的场合，更不敢主动与人交往。有时在宿舍听到室友讨论一些与外貌有关的话题，她就会感到恐惧、烦躁，觉得室友是在隐晦地讽刺、挖苦自己，并因此对室友产生了强烈的怨恨情绪，经常对室友不理不睬……

在成长过程中，文慧的自我意象因为他人的一句玩笑话而受到了影响，"我很丑"变成了她的一种固化认知，导致其长期对自己的外貌极度不满意，并引发了沮丧、焦虑、痛苦、愤怒等负面情绪，还常常出现情绪失控问题。

不仅如此，她还因为外貌问题引发了回避行为，害怕他人对自己有不好的评价，通过回避交往来缓解内心的冲突。

此外，她还有一些不客观的心理投射问题，将自己偏颇的认知投射于他人身上，觉得他人也是这么认为的，并觉得他人会故意挖苦、讽刺自己，由此导致人际关系非常紧张，也让自己成了他人眼中的低情商者。

出现这样的情况，归根结底是因为文慧的自我意象出现了问题。因自我意象不良，她对自己有很多负面评价，让自己陷入了自我否定、自卑、压抑的心理中。与此同时，她对他人也进行了消极的预期，觉得他人对自己就是不喜欢、不接纳和充满排斥的。

在生活中，像文慧这样有不良心理意象的人并不少见。比如，有的人认为自己社会地位不高，不具备一定的经济实力，便把自己描绘为"弱者""失败者"，不光内心充满了沮丧情绪，还会变得非常敏感，容易把他人无关紧要的行为理解为"看不起自己""欺负自己"，并会因此出现过度反应，如表现得异常激动、易怒、攻击性强等。

对这类人来说，要想提升情商，改善情绪控制能力，就必须从重塑自我意象入手，把消极意象变为积极意象。

心理学家认为，自我意象是后天逐渐形成的，具有一定的稳定性，但它并不是不能被改变的。我们首先要树立坚定的信心，有"打破旧我，塑造新我"的决心，继而要进行积极的自我暗示，这样才有可能影响意识和潜意识层面，让自我意象发生转变，进而能够改善情绪，提高情商。

心理学家普拉斯科特·雷奇曾经进行过这样的实验，他对认为自己不擅长某一科目的学生进行了引导，使他们改变"我学不好这门课"的消极自我意象，代之以"只要我努力就能学好"的积极意象，结果发现了可喜的变化：原本拉丁语考试四次不及格的学生考到了84分，原本认为自己"文字能力有欠缺"的学生获得了校园文学奖。

这些学生之前是真的不具备学习能力吗？显然不是，他们只是产生了不良的自我意象，还没有进行努力就预先判断自己会失败，只有改变这种自我意象，他们才能够发挥主观能动性，走向成功。

我们在提升情商、管理情绪时也可以借鉴这样的做法，坚信自己能够控制好负面情绪，能够和他人保持良好的交往，能够做一个高情商的人，直到坚定的想法深入意识、唤醒潜意识，便能从根本上扭转自我意象。

提升共情能力，了解他人的情绪

所谓"共情"，就是要深入他人的内心，去体验他的情绪，理解他的思维，再将自己的情绪传递给他，以更好地影响他并取得积极的反馈。

在生活中，很多人情商较低的根本原因正是不懂共情。心理学家道格拉斯·拉比尔把不懂共情的问题称为"共情缺陷障碍"，他认为有这种障碍的人习惯性地以自身为参考标准，凡事都从自己的角度去感受和思考，而他们本身就有各种情绪问题，因而无法设身处地理解他人的情绪、想法和信念。

显然,有共情缺陷障碍的人在体察他人情绪、促进沟通交流时会遇到不少困难,这会对建设和维持人际关系造成很多不利影响。

蒋涛是一个热情、直爽的人,对朋友也非常关心,可不知为什么,他总觉得自己和朋友之间有一层难以消除的隔膜。

这天中午,蒋涛打算约一位朋友吃饭,他给朋友打去了电话,对方却告诉他:"我在赶一个项目报告,实在抽不出时间吃饭,咱们下次再约吧。"

"你怎么能不好好吃饭呢?人是铁,饭是钢,有一顿没一顿的,我看你不得胃病才怪!"蒋涛原本想表达对朋友的关心,可他的话语却让朋友听着不太舒服。

好在朋友了解他的性格,耐着性子回复他:"我也没有办法,这个任务很重要,领导要求下午就得拿出大概的方案来……"

蒋涛急不可待地打断了朋友:"你可真傻!身体是自己的,累出病来领导负责吗,公司负责吗,你说你这是何必呢?"

朋友没好气地说:"好吧好吧,我知道了,忙完这阵子我就会去吃饭的……"

当天晚上,出于对朋友的关心,蒋涛给朋友发去了微信,想问问情况。当他得知朋友晚上还要加班时,忍不住回复道:"别瞎忙了,早点睡觉吧,当心熬夜老得快!"

发完这条信息后,他等待了一会儿,却没有等来朋友的回复。他心里有些不舒服,忍不住自言自语:"真是的,我这么关心他,他却总是不冷不热的,太让我失望了……"

蒋涛关心朋友的身体健康,希望朋友能够按时吃饭、睡觉,可他在表达关心时却没有注意共情。

事实上,这位朋友对自己的工作颇为看重,事业心极强,为了完成任务废寝忘食,此时他需要的是理解、安慰和鼓励,而不是批评和打击。蒋涛本应当从朋友的想法和情绪出发委婉地进行劝说,可他却从自己的立场出发,鲁莽地将朋友的行为定义为"不好好吃饭""瞎忙",这样的说法自然会让朋友十分反感。

在生活中,像蒋涛这样不懂共情的人并不在少数,他们不会发自内心地理解、接纳他人,感受不到他人的情绪,也不会正确地表达自己的情绪与需求,因而常常会在人际交往中产生很多糟糕的体验。

要想避免出现这样的情况,我们就需要学会共情,可以从以下几点做起。

1.了解自己的情绪

准确地识别、深入地了解自己的情绪是共情的前提。试想,如果我们连自己的情绪都无法准确感知,又如何去感知他人的情绪呢?

所以,在与他人沟通之前,我们应当弄清楚自己此时的情绪状态是怎样的,还要想清楚自己的心理需求究竟是什么。弄清了这些问题,我们才能更好地与他人建立情绪连接,调动自己的情绪,感受他人的情绪。

2.认真地倾听对方

共情的第二个要点是倾听，也就是要认真而仔细地聆听对方的话语，以便准确接收对方提供的信息，理解对方话语中的潜在含义，这样才能更好地把握对方的情绪。

然而在现实生活中，有很多人往往没有耐心去倾听别人，他们总是像案例中的蒋涛这样迫不及待地发表自己的意见，有时因为过于着急，甚至会打断别人的话，不给别人倾诉的机会。这样的行为不但不利于共情，还会激发对方的负面情绪，是我们一定要注意避免的。

3.表现出接纳的态度

共情的第三个要点是"接纳"，也就是要接纳对方的情绪、想法，哪怕我们并不喜欢这样的情绪，也不要急于做出评判，而是应当顺着对方的感受慢慢引导。

比如，对方表现出了沮丧、痛苦、焦虑等负面情绪时，我们不能急着批判对方或给出自以为正确的建议，说一些诸如"你这样是不对的""你得赶紧从这种情绪中走出来"之类的话语。这些建议不但不能帮助对方，反而会让对方非常反感。

那么，正确的做法应当是什么样的呢？

我们要注意表现出包容、接纳的态度，甚至可以先对对方的情绪予以肯定。比如，你可以这样安慰对方："难怪你会觉得如此痛苦，因为你付出的实在是太多了，换了是我，我也会有同样的感受……"

不难想象，对方在听到如此贴心的话语后，心中会有怎样的感觉。他们紧闭的心门会慢慢开启，我们也可借此机会与他们建立起情绪连接。这样的交流才称得上是共情，它能让我们与他人保持亲密的关系，也能让我们在他人心中赢得情商高的良好评价。

避免"踢猫效应"，别把负能量带给身边的人

在工作、学习和生活中，人们难免会遇到一些让自己愤怒、恼火的事情，有的人能够控制好自己的情绪，通过心理调节让自己慢慢恢复平静。

可也有些人找不到情绪的出口，在巨大的压力下，他们很可能会寻找其他对象，肆无忌惮地发泄自己的情绪。而承受了坏情绪的人也会做类似的事情，如此就会形成一条负面情绪的传播链。

这种情况在心理学上被称为"踢猫效应"。对于踢猫效应，心理学家常常会用这样一个生动的故事来描述它：

父亲是一个上班族，白天在公司遭到了上级无缘无故的批评，心中十分气愤、郁闷。可他又不敢对上级多说什么，只好

带着坏情绪回家。

到家后,他越想越生气,找了个借口和妻子吵了一架,说了很多难听的话。

妻子辛辛苦苦地料理家务、照顾孩子,却被丈夫一顿痛斥,自然非常窝火。儿子也不听话,把玩具倒了一地,还不肯收拾,妻子便揪住儿子的耳朵,把他痛骂了一顿。

儿子心里憋着一股气,却找不到比自己弱小的人发泄,最后他一脚踢在家里养的猫身上。猫咪惨叫一声,从窗口逃了出去,在马路上乱窜。

不幸的是有辆汽车正好开过来,司机看见猫咪,急打方向盘,想要躲闪,不巧却撞伤了路边一个无辜的孩子……

虽然上述的故事具有一定的巧合性,但我们还是能够在生活中找到"踢猫效应"的影子。回想一下,当你在工作中遇到不愉快的事情时,有没有将无名火发泄到家人、朋友身上?当你在生活中遇到麻烦事时,有没有过迁怒于他人的情况?

耐人寻味的是,被我们迁怒的对象往往是社会地位比我们低或年龄比我们小的人,这是因为我们会在潜意识中认为这样的对象是比自己弱小的,无法还击我们,选择他们作为情绪发泄对象是比较安全的。

但我们自私的行为无疑会让对方的心灵受到伤害,倘若对方也是不善于调节情绪的人,坏情绪就会像病毒一样逐渐传播下去,使"踢猫效应"愈演愈烈，负能量也会不断扩散。

"踢猫效应"至少会产生以下几种危害。

1.影响自己的身心健康

负面情绪需要适度宣泄，但不能过度发泄，否则我们的"情绪阈值"会越来越低，平时情绪会很不稳定，一遇到不愉快的事情就很容易被激怒。

愤怒会引起交感神经兴奋，让我们的心跳加快、血压上升、呼吸变得急促，经常如此很容易引发健康问题。而且愤怒还会让我们失去理性，可能会对他人正常的语言、行为妄下结论，使得自己的怒气不断升级，对身心的损害更是会不断加剧。

2.破坏和谐的人际关系

在"踢猫效应"的影响下，我们在发泄情绪时常常会借题发挥、无事生非。父母、爱人、孩子、朋友、同事等并没有做错什么事情，却要承受我们的无理取闹和指责，这必然会对人际关系造成严重的损害，同时也会让我们在他人心中的形象一落千丈。

3.对他人心理造成严重损害

寻找出气筒是一种不负责任的情绪发泄行为，那些被迫承受坏情绪的人会有委屈、气愤、痛苦的心理感受。

特别是在一个家庭中，孩子往往会成为父母的"情绪垃圾桶",这会让孩子的内心产生强烈的恐惧感。在面对父母毫无由来的吼叫、斥责时,孩子会认为自己是不被父母喜爱的,甚至还会讨厌自己、憎恨自己,并会逐渐丧失安全感。更糟糕的是,在"踢猫效应"下成长的孩子还容易形成和父母相似的坏脾气,变得暴躁易怒、攻击性强。

既然"踢猫效应"有这么严重的危害性,那么我们该如何避免成为坏情绪传播链上的一环呢?

1.在发火前先问自己几个问题

当我们想要对某人发脾气时,一定要强迫自己先暂停,然后在脑海中询问自己这样的问题:

(1)我为什么想发脾气?(找到负面情绪的源头。)

(2)让我愤怒的事情真的与对方有关吗?(让自己认识到对方是无辜的,不应当成为负面情绪的发泄口。)

(3)对对方发脾气会出现什么样的结果,我和对方还能维持现在的亲密关系吗?(用不好的结果警醒自己,停止无理取闹、胡乱攻击。)

这样的快速自省常常能够帮我们找回理智,使我们不会在负面情绪的驱使下做出让自己后悔莫及的事情。

2.换位思考,感受他人的情绪

为了让自己的感受更加强烈,我们还可以将自己代入对方的角色，从对方的立场去思考问题，并可以尝试感受对方的情绪，想一想我们突如其来的爆发会给他们带来怎样的压力和痛苦。

所谓"己所不欲，勿施于人"，既然我们自己都不喜欢这样的坏情绪，为什么要把这些坏情绪带给他人呢？像这样多去进行换位思考，会让我们多一些同理心，有烦恼、怒气时也就不会随意发泄在他人身上了。

3.在情绪失控前暂时离场

有时我们的情绪非常激动，一时无法平静下来，为了不给身边的人造成不必要的伤害，可以选择暂时离开。我们可以到无人的地方大喊几声，或是痛痛快快地大哭一场，这有助于排解负面情绪，会让心头憋闷的感觉减弱不少。

我们还可以多采用一些类似的方法合理地宣泄情绪，让自己调节情绪的能力和情绪阈值不断提升，长此以往就不会再随随便便地对他人发无名火了。

设立情绪界限：别让别人的坏情绪影响自己

"情商之父"丹尼尔·戈尔曼认为，情绪具有超强的传染性，而且会演变成情绪泛滥。它不仅会从一个人传染给另一个人，而且会因为一件事蔓延到所有事,然后所有和他有关联的人或者关系都会陷入无底黑洞之中。

正是因为情绪具有如此强大的感染力,我们才应当引起足够的警惕,不但要注意控制好自己的情绪,别把负能量带给他人;还要注意设定好情绪界限,避免自己被他人的坏情绪轻易影响。

26岁的悦然在某公司担任文员,工作量不大,工作氛围也比较轻松,同事们完成了手头的任务,往往会聚在一起闲聊。

但悦然并不喜欢这样的交流,因为同事张姐特别喜欢向她倒苦水。张姐不是埋怨上级交办的任务太繁重、时间太仓促,就是数落新入职的员工业务不熟练,给自己带来了很多麻烦。

悦然出于礼貌,曾经安慰过张姐几句,还给她提了点小建议,帮她节省时间、提升工作效率。谁知张姐从此就缠上了她,经常拉着她诉苦,说完工作的事情,又说起了家长里短。

悦然不明白张姐为什么会对生活有那么多不满,公婆、丈夫、孩子,提起其中的哪一个,她都能絮絮叨叨地抱怨半天。悦然早就听烦了,但碍于情面,又不好直白地提醒她适可而止。

不知不觉,悦然发现自己也染上了张姐的毛病,总是喜欢从不好的角度思考问题或看待他人,在生活中找不到什么有意思、有价值的事情；她还经常觉得不开心，常常唉声叹气，笑容也比过去少多了……

在生活中，像张姐这样热衷于抱怨、充满负能量的人并不少见，他们似乎对什么事情都看不惯，内心有很多负面情绪；与此同时，他们又很不注意情绪界限问题，经常肆无忌惮地将自己的负面情绪向他人倾泻。

而悦然恰好又是比较容易受到负面情绪感染的"高敏者"，她很容易卷入别人的情绪中，被别人的喜怒哀乐影响，让自己的情绪状态变得很不稳定。

要想避免在负面情绪中越陷越深，悦然就需要设立并强化自己的情绪界限，别让他人将负面情绪传染给自己。

那么，个人的情绪界限应当如何设立呢？

1. 与他人保持适当的心理距离

无论是在工作中还是在生活中，我们都要注意和他人保持适当的心理距离，也就是说，要把握好人际交往的分寸，这不但会让彼此感觉更加舒适，还能避免负面情绪相互传染。

就拿人际沟通来说，我们就需要把握好分寸。一方面，我们不能随心所欲、口无遮拦地对他人发泄情绪，这样会越过情绪界限，让对方感觉不适。另一方面，我们也要注意守卫好自己的情绪界限，不能放任别人一次又一次地对着我们抱怨、哭诉，这样才不会让自己成为负面情绪的垃圾桶。

2.避免成为无用的"拯救者"

在他人向自己倒苦水时，有的人会将自己视为拯救者，会发自内心地同情对方的遭遇，并试图安抚对方的情绪。

这类人往往有较强的责任感和共情能力，但也容易因此受到负面情绪的影响，更有可能被对方的负面情绪吞噬。

事实上，有的爱抱怨的人并不是真想解决自己身上的问题，而是想要用抱怨的方式排解心中的压力。更有一些抱怨者会用诉苦的方式来表现自己的努力和不易。比如，案例中的张姐经常对同事抱怨任务艰难，新人又帮不上忙，其实她需要的其实不是安慰，而是想让大家知道她有多么辛苦，而她即使是在这种情况下也能克服困难努力工作，值得大家的赞美和肯定。

在这种情况下，试图"拯救"对方是毫无意义的，对方显然也不会领情，所以我们应当摆脱"拯救者心态"，理直气壮地对传播负面情绪的人说"不"。

3.调整认知，摆脱消极思维

负面情绪的传染性非常惊人，如果我们身边有人一直在传播负能量，就要引起足够的警惕。这类人的特点是心态消极，对人对事抱有偏见，因而总是处于伤心、愤怒、嫉妒等负面情绪中，还总是抱怨不休；而且他们常常将自己的负面情绪放大，会为一点鸡毛蒜皮的小事不停地诉苦。对于这样的人，我们要尽早识别，并要尽可能地远离。

与此同时，我们还应当进行及时的认知调整，以免受到对方的影响，陷入消极的思维模式中，染上爱抱怨、易烦恼的坏毛病。

为此，我们应当及时觉察脑海中出现的负面想法，一旦发现，可以马上在脑海中回想一件愉快的事情，以避免消极思维继续蔓延。

除此以外，我们还要对自己的情绪感受进行分辨，要分清楚哪些是因为自己的原因而产生的负面情绪，哪些是受到他人影响出现的负面情绪。

像这样建立起了健康的情绪界限后，我们就不会过于敏感，也不会轻易受到他人影响而陷入负面情绪中难以自拔。

小测试：你的情商到底有多高

以下是欧美企业在招聘员工时常用的情商测试题，包括5个部分，共33道题目，请你根据自己的实际情况，尽量在25分钟内完成选择。

第1~9题：请从下面的问题中，选择一个最符合自己实际情况的答案，但要尽量避免选择中性答案B。

1.你认为自己有能力克服各种困难吗？

A.确实如此　　　　B.不一定如此　　　　C.并非如此

2.如果你来到一个全新的环境,会把生活安排得如何?

A.尽量和从前一样

B.不一定和从前一样

C.和从前完全不同

3.你认为自己能够达到预想的目标吗?

A.确实如此　　　　B.不一定如此　　　　C.并非如此

4.你认为有些人总是回避或冷淡你吗?

A.并非如此　　　　B.不一定如此　　　　C.确实如此

5.在大街上,你常常会避开不愿打招呼的人吗?

A.从未如此　　　　B.偶尔如此　　　　C.经常如此

6.当你集中精力工作时,有人在旁边高谈阔论,你会怎样?

A.仍能专心工作

B.介于A、C之间

C.不能保持专注,并会感到愤怒

7.不论来到什么地方,你都能清楚地辨别方向吗?

A.确实如此　　　　B.不一定如此　　　　C.并非如此

8.你热爱所学的专业和所从事的工作吗?

A.确实如此　　　　B.不一定如此　　　　C.并非如此

9.气候的变化不会影响你的情绪,对吗?

A.确实如此　　　　B.不一定如此　　　　C.并非如此

第10~16题:请如实回答下列问题,但要尽量避免选择中性

答案B。

10.你从不会因流言蜚语而生气吗?

A.确实如此　　　　B.不一定如此　　　　C.并非如此

11.你善于控制自己的面部表情吗?

A.确实如此　　　　B.不一定如此　　　　C.并非如此

12.就寝时你极易入睡吗?

A.确实如此　　　　B.不一定如此　　　　C.并非如此

13.有人侵扰你时,你会做出什么反应?

A.不露声色

B.介于A、C之间

C.大声抗议,以发泄愤怒

14.在和人争辩或工作出现失误后,你常常感到精疲力竭,不能继续安心工作吗?

A.并非如此　　　　B.不一定如此　　　　C.确实如此

15.你常常被一些无谓的小事困扰吗?

A.并非如此　　　　B.不一定如此　　　　C.确实如此

16.你宁愿住在僻静的郊区,也不愿住在嘈杂的市区吗?

A.并非如此　　　　B.不一定如此　　　　C.确实如此

第17~25题:请如实回答下列问题,但要尽量避免选择中性答案B。

17.你被朋友、同事起过绰号、挖苦过吗?

A.从未如此　　　　B.偶尔如此　　　　C.经常如此

18.你在吃某种食物后会呕吐吗?

A.从未如此　　　　B.不确定　　　　C.确实如此

19.除去看见的世界外,你的心中有另外的世界吗?

A.没有　　　　　　B.不确定　　　　C.有

20.你会想到若干年后有什么让自己极为不安的事吗?

A.从未如此　　　　B.偶尔如此　　　　C.经常如此

21.你常常觉得自己的家庭对自己不好,但又确切地知道他们对自己好吗?

A.并非如此　　　　B.不确定　　　　C.确实如此

22.每天你一回家就会立刻把门关上吗?

A.从未如此　　　　B.偶尔如此　　　　C.经常如此

23.你坐在小房间里把门关上,内心仍会感到不安吗?

A.从未如此　　　　B.偶尔如此　　　　C.经常如此

24.当一件事需要你做决定时,你常会觉得很难吗?

A.并非如此　　　　B.偶尔如此　　　　C.经常如此

25.你常常用抛硬币、翻纸、抽签之类的游戏来预测吉凶吗?

A.并非如此　　　　B.偶尔如此　　　　C.经常如此

第26~29题:请根据自己的实际情况,对下面的说法做出判断,仅需回答"是"或"否"即可。

26.为了工作你早出晚归,早晨起床时常常感到疲惫不堪。

27.在某种心境下,你会因为困惑陷入空想,将工作搁置下来。

28.你有神经脆弱的问题,稍有刺激就会战栗不安。

29.你常常会被噩梦惊醒。

第30~33题：以下每条说法各有5种答案，请根据自己的实际情况做出选择。

30.在工作中，你愿意挑战艰巨的任务。

  A.从未如此　　　　B.偶尔如此　　　　C.一半时间如此

  D.大多数时间如此　E.总是如此

31.你常发现别人好的意愿。

  A.从未如此　　　　B.偶尔如此　　　　C.一半时间如此

  D.大多数时间如此　E.总是如此

32.你能听取不同的意见，包括对自己的批评。

  A.从未如此　　　　B.偶尔如此　　　　C.一半时间如此

  D.大多数时间如此　E.总是如此

33.你时常勉励自己，让自己对未来充满希望。

  A.从未如此　　　　B.偶尔如此　　　　C.一半时间如此

  D.大多数时间如此　E.总是如此

评分标准：

请按照以下标准计算各部分题目的得分。

第1~9题，选A得6分，选B得3分，选C得0分。

第10~16题，选A得5分，选B得2分，选C得0分。

第17~25题，选A得5分，选B得2分，选C得0分。

第26~29题，答"是"得0分，答"否"得5分。

第30~33题，A、B、C、D、E分别为1分、2分、3分、4分、

5分。

请将得分加总后进行判断。

1.总分在90分以下：你的情商处于较低的水平。你可能不善于管理自己的情绪，容易被激动的情绪所左右，并会做出一些不够理智的事情。

2.总分为90~129分：你的情商处于一般的水平。你对情绪有一定的管理能力，但是在某些情境下，可能会出现情绪失控的情况。

3.总分为130~149分：你的情商处于较高的水平。你对情绪的管理能力较好，不易被负面情绪影响，在工作、学习、生活中能够保持较好的状态。

4.总分在149分以上：你是一个具有高情商的人。你的情绪智慧使你能够自如地应对工作、学习、生活中的各种问题，并会让你成为人际交往中最受欢迎的人。

图书在版编目(CIP)数据

情绪失控星人自救指南:心理学与情绪控制/周婷编著.—北京:中国法制出版社,2020.12
ISBN 978-7-5216-1486-2

Ⅰ.①情… Ⅱ.①周… Ⅲ.①情绪—自我控制—指南 Ⅳ.①B842.6-62

中国版本图书馆 CIP 数据核字(2020)第 239539 号

策划编辑:孙璐璐(cindysun321@126.com)
责任编辑:王 悦   封面设计:汪要军

情绪失控星人自救指南:心理学与情绪控制
QINGXU SHIKONGXING REN ZIJIU ZHINAN: XINLIXUE YU QINGXU KONGZHI

编著/周婷
经销/新华书店
印刷/三河市国英印务有限公司
开本/880 毫米×1230 毫米 32 开   印张/8 字数/163 千
版次/2020 年 12 月第 1 版   2020 年 12 月第 1 次印刷

中国法制出版社出版
书号 ISBN 978-7-5216-1486-2   定价:39.80 元

北京西单横二条 2 号 邮政编码 100031
                                    传真:010-66031119
网址:http://www.zgfzs.com   编辑部电话:010-66038703
市场营销部电话:010-66033393   邮购部电话:010-66033288
(如有印装质量问题,请与本社印务部联系调换。电话:010-66032926)